AF377920

LA FABRIQUE
DES IDÉES

MARC JEANNEROD

LA FABRIQUE DES IDÉES

Une vie de recherches en neurosciences

Préface de Jean-Didier Vincent

© Odile Jacob, mars 2011
15, rue Soufflot, 75005 Paris

www.odilejacob.fr

ISBN : 978-2-7381-2616-0

Préface

Voici, sans doute, le meilleur livre de la décennie écrit sur le cerveau, au moment où prolifèrent sur les tables des libraires d'indigestes ragoûts de neurones concoctés par des cuisiniers peu soucieux de la fraîcheur du produit. Métaphore n'est pas raison, je me contenterai donc de féliciter le lecteur qui vient d'acquérir l'ouvrage de Marc Jeannerod ; il ne s'en repentira pas. Il ne s'agit pas ici, à proprement parler, ni de l'histoire d'une vie – mémoires ou confessions – ni d'un traité savant écrit à la première personne, mais d'une forme originale de récit de voyage au bout d'un itinéraire scientifique parcouru des années 1960 à nos jours. L'auteur précise dès son incipit : « Je me demande encore, cinquante ans plus tard, comment j'ai abouti dans la recherche scientifique. » Nous n'en saurons pas plus sur ses motivations, ni sur ses états d'âme. Ce chercheur, spécialiste de la conscience de soi, n'accorde que peu d'intérêt à sa statue intérieure. Oublieux des détails de son enfance bourgeoise et des péripéties d'une carrière scientifique couronnée par une élection à l'Académie des sciences et une reconnaissance internationale allant de la Californie à l'Oural, Jeannerod ne s'intéresse qu'à l'aventure d'une pensée en mouvement dans laquelle les autres, maîtres et collègues, n'interviennent qu'au titre de leur contribution intellectuelle à son œuvre.

L'auteur ne s'attarde donc pas sur sa formation de médecin neurologue – en ces temps anciens (avant 1968), la psychiatrie n'avait pas encore divorcé de la neurologie. C'est de cette période que date notre amitié, inaugurée à l'ombre de la figure tutélaire de Michel Jouvet ; celle-ci dure encore. Une amitié ne se raconte pas, on se contente de la vivre. Cinquante ans de cohabitation à l'intérieur du cerveau ; nous ne nous y sommes jamais vraiment rencontrés. Les affects et les jugements moraux ne doivent pas corrompre la pureté de la recherche. Paradoxalement, il y a chez cet explorateur de la subjectivité une absence de place pour les épanchements du moi. Le premier acte de la pièce sera donc réduit à un rôle d'exposition dans lequel ne seront retenus que quelques éléments nécessaires à la compréhension de l'histoire. Il sera fait notamment mention des fameuses pointes PGO (ponto-géniculo-occipitales), phénomènes électriques paroxystiques enregistrés dans les régions du cerveau impliquées dans la vision lors des phases de sommeil paradoxal. Lors de notre séjour commun, en 1969, à l'UCLA (Université de Californie à Los Angeles) dans le Brain Research Institute, les PGO constituaient le cœur brûlant des préoccupations scientifiques de Marc Jeannerod. Je note à ce propos que ce second séjour américain est confondu dans le récit actuel avec un premier stage effectué deux ans plus tôt dans le même laboratoire dirigé par « Pépé » Segundo, un pionnier de l'étude du codage de l'information par les neurones. De mon côté et à un autre étage de l'Institut, je m'efforçais d'explorer à l'aide d'électrodes, les bas-fonds d'un cerveau de singe à la recherche des secrets des conduites animales comme manger, boire et dormir, bien éloignées des manifestations de l'esprit. Les PGO font une apparition dans le livre en raison de leur parenté avec le concept de *décharge corollaire* et ont probablement servi à Jeannerod d'introduction au domaine de la physiologie sensori-motrice avec pour conséquence, dans la suite de sa carrière, l'abandon du domaine de recherche lyonnais par excellence portant sur le sommeil et la neuropharmacologie.

À notre retour en France, nos thèmes de recherche n'ont fait que s'éloigner davantage, dans le même temps que notre amitié s'installait dans la durée avec pour accompagnement un franchissement quasi similaire des étapes administratives de nos carrières respectives. Entre nous : une complicité entretenue à grand renfort d'inoffensives moqueries et de provocations sur un fond d'estime partagée ; la dernière manifestation de cette aimable rivalité étant la demande d'une préface à celui qui, dans le petit monde des neurosciences, était le moins qualifié pour le faire – je me promets d'ailleurs de lui rendre la pareille dans un proche avenir. Notre amitié scientifique a été une longue confrontation de « je » : mon « Je suis parce que je suis ému et parce que tu le sais » (*Biologie des passions*) opposé au « Je suis parce que j'agis et que je le sais » de Marc (*Le Cerveau volontaire*).

Im Anfang war die Tat : « Au commencement était l'action », s'écrie le docteur Faust à la fin de sa longue tirade du premier acte. Jeannerod va plus loin en s'intéressant au commencement du commencement. Aucune préoccupation métaphysique ne le détourne de son occupation principale : étudier le déroulement de l'action de son début jusqu'à l'atteinte de son but. Ce faisant, il fait des allers-retours sur la flèche du temps qui, pour l'occasion, fonctionne comme un omnibus et s'arrête à chaque station. Nous aurons l'occasion de revenir sur le trajet parcouru dans le cerveau par une action volontaire. Le talent littéraire de l'auteur nous permet de suivre la genèse de l'action et d'en comprendre la nature biologique sans avoir recours à la transcendance, même si celle-ci montre une fâcheuse tendance à manifester sa présence au départ (*primum movens*) et à l'arrivée. C'est en effet trop souvent le destin de la science des origines de sombrer dans les apories (voir le big bang et autres fantaisies de l'imaginaire à propos de la nature de l'Univers). La force de la démarche de Jeannerod est de partir d'une réflexion philosophique qui prend ses racines chez Maine de Biran, Bergson, Wittgenstein et quelques autres pour construire une théorie de l'action qui évoluera pendant une trentaine d'années au contact de la clinique et de l'expérimentation animale et humaine.

À travers le récit de ses rencontres scientifiques avec des personnages qui appartiennent à la légende des neurosciences – Hécaen, Ajuriaguerra, puis Teuber, un maître qui le fascinera –, il participe à la naissance et à l'éclosion souveraine d'une nouvelle discipline – la neuropsychologie – qui prendra bientôt une position hégémonique dans les sciences du cerveau. Celle-ci marque le retour de la *psychologie cognitive* qui, dégagée du béhaviorisme de l'analyse factorielle de la psychologie dite expérimentale, fait la synthèse entre la neurologie clinique et son approche lésionnelle, et la psychiatrie, avec son renouveau nosographique centré sur les fonctions et sur le cognitivisme renaissant. Cette nouvelle synthèse s'appuie sur une revue, *Neuropsychologia*, dont Jeannerod, à la suite d'Hécaen, assurera la direction.

Il n'est pas excessif de dire que nous sommes à l'époque de la révolution permanente et il est passionnant de suivre aujourd'hui les luttes auxquelles se livrèrent les clans, les courants, les écoles : avec toujours puissants, les neurologues tendance Salpêtrière, défenseurs du cas individuel qui relie les symptômes à la lésion vérifiée à l'autopsie. C'est le temps glorieux où les cas regroupés en maladies de [...] servent de porte-nom aux Charcot, Pierre Marie, Babinski et consorts inscrits aux frontons des salles communes et des amphithéâtres.

La psychologie cognitive venant d'outre-Atlantique, notamment du MIT (Cambridge), reprenant le concept de modularité avec Fodor apportait une nouvelle lecture théorique de la liaison structure-fonction à laquelle l'essor de l'imagerie cérébrale non invasive, jointe à l'exploration stéréotaxique, fournit un support anatomique responsable par la suite de bien des excès localisationnistes, véritable néophrénologie digne du vieux Gall. La notion de localisation sera toutefois tempérée par celle de plasticité cérébrale, qui rend compte de la récupération fonctionnelle avec la restitution de la fonction et sa récupération par substitution. Jeannerod prend une part active à ces travaux, grâce à la proximité des cliniciens neurologues et à la création d'une unité de l'Inserm dont il a assuré la direction de 1978 à 1997.

Ce fut un temps où nous nous rencontrions souvent, sans avoir jamais travaillé ensemble, ce qui donnait à notre amitié une liberté de propos dépourvus d'arrière-pensées. Mon extravagance l'amusait et sa vertu me rassurait, comme si elle avait été mienne. Il vouait une admiration sans réserve à « Luke » Teuber. D'origine européenne, nourri de culture comme bien des immigrés venus de la pépinière Mitteleuropa, Luke avait été étudiant à Harvard, où il avait soutenu une thèse sur la psychothérapie de groupe. Il s'était orienté vers l'étude des troubles de la perception visuelle chez les patients (des blessés de guerre) porteurs de lésions cérébrales. Il s'était par la suite imposé comme directeur du département de psychologie au MIT. Comme le rappelle Jeannerod, l'originalité de ce nouveau département était fondée sur l'idée que seul l'ancrage dans la science fondamentale (anatomie, physiologie cellulaire, psychophysique) pouvait permettre de repenser l'étude de la perception, de l'apprentissage, du développement cognitif et du langage. La recette de Teuber consistait à faire voisiner dans le même bâtiment des équipes de chercheurs de haut niveau : anatomistes et physiologistes, psychologues travaillant chez l'homme et psychologues travaillant chez l'animal, linguistes et spécialistes de la psychophysique. Lui-même mettait en pratique un concept très personnel de pluridisciplinarité « dans la même tête » (la sienne), qui lui permettait d'établir les communications au sein du groupe et de donner une cohérence à l'ensemble. Je cite cette description, car elle correspond très exactement à celle de l'Institut des sciences cognitives fondé par Jeannerod à Lyon en 1997. Teuber a disparu en 1977, emporté par une vague alors qu'il se baignait sur une plage des îles Vierges. De tous ses élèves, Marc Jeannerod est probablement celui qui a le mieux poursuivi son œuvre. De cette rencontre naîtra le thème récurrent de l'*action* chez Jeannerod. Les pointes PGO ont assuré la transition avec les études sur la perception visuelle et les activités motrices qui lui sont associées. Une part importante du livre est consacrée à la vision et à la « façon de voir », un récit qui donne lieu à de brillants développements dans lesquels la jouissance d'apprendre emportera le lecteur dans la contagion intellectuelle. Celui-ci fera connaissance avec la décharge corollaire, véritable clé pour aborder les modalités de fonctionnement de l'être intérieur. « Bienvenue dans le château de l'Âme », aurait dit sainte Thérèse en oubliant toutefois que celui-ci ne doit rien à la présence de Dieu ; l'*habitus* chrétien de Marc Jeannerod n'a jamais déteint sur son champ de recherche.

L'action n'est peut-être pas au commencement, elle est en tout cas au cœur de l'« être au monde », le *Dasein* de Heiddeger. L'originalité de l'Institut des sciences cognitives dirigé par Jeannerod tient, je le répète, à sa nature pluri-disciplinaire. La présence active de philosophes, parmi lesquels Pierre Jacob, donne son assise à l'élaboration théorique et aux expériences qui en découlent. Les travaux portant sur la vision dont Jeannerod avait été un des principaux acteurs avaient montré la voie ou plutôt les deux voies issues du cortex occipital : l'une ventrale, celle d'une vision consciente centrée sur la reconnaissance des attributs intrinsèques des objets (forme, couleur, texture) ; l'autre dorsale, qui s'opposait point par point à la ventrale, vision non consciente centrée sur l'adéquation automatique du système moteur aux propriétés géométriques (taille, orientation, situation spatiale) orientée, en quelque sorte, vers l'action. Je rappelle ce récit de Goethe : « Ce que je n'ai pas dessiné, je ne l'ai pas vu. » Percevoir l'objet, c'est donc le manipuler mentalement : cela donne une *représentaction*. On conçoit l'importance de la main pendant la saisie, conduisant à une identification implicite des objets saisis.

Jeannerod avait en effet été frappé par l'indépendance des mouvements des doigts par rapport à ceux du bras. Il avait pu observer, grâce à des mesures cinématographiques, les deux composantes, la proximale et la distale, de la préhension chez le sujet normal : atteindre l'objet, puis le saisir, grâce à un dispositif permettant au sujet de voir la cible vers laquelle se dirigeait le mouvement, alors que son bras demeurait caché à sa vue. Il était possible de séparer les deux composantes et de montrer l'impossibilité chez le sujet présentant une lésion de la voie dorsale d'effectuer une estimation anticipée de la taille de l'objet à saisir. Par la suite, Jeannerod a proposé une synthèse entre les rôles respectifs de deux voies visuelles qui unit les modalités sémantique et pragmatique dans une collaboration étroite où l'une des voies ne peut ignorer ce que fait l'autre. Position largement confirmée aujourd'hui par les données de la neuro-imagerie. La conclusion de l'auteur résume parfaitement l'importance des travaux réalisés durant cette période particulièrement féconde de son œuvre. « Les recherches sur la pluralité des mécanismes de la vision constituent une des plus belles pages de l'histoire des neurosciences cognitives : une des plus interdisciplinaires aussi, puisqu'elles ont mobilisé à la fois des anatomistes, des physiologistes, des psychologues et des neuropsychologues. Au-delà du cercle des expérimentalistes, le fait que le terme même de voir recouvre plusieurs modalités dissociables, mettant en jeu des mécanismes différents et correspondant à des contenus subjectifs distincts, posait évidemment des questions nouvelles aux théoriciens et aux philosophes. Les neurosciences, devenues membres à part entière de la famille des sciences cognitives, bousculaient sous nos yeux une des notions philosophiques les mieux établies, celle de l'unité de la conscience et de la perception. »

La partie la plus passionnante du livre est pour moi celle qui est spécifiquement consacrée à l'action. Séparés par le sujet de nos recherches respectives, nous nous retrouvions sur une méthodologie commune reposant sur l'utilisation d'une préparation chronique qui contrastait avec l'usage de l'époque de préparations aiguës sur des animaux anesthésiés, privés de mouvements volontaires et de comportement physiologique. On parlait parfois par dérision d'une physiologie du chloralose (un anesthésique puissant qui, joint au curare, transformait l'animal en statue de sel). Jouvet et Faure (mon patron) étaient les pionniers de cette démarche qui leur avait permis d'étudier des comportements comme le sommeil ou le comportement sexuel, non observables sous anesthésie. Je m'étais heurté aux mêmes problèmes que Jeannerod, lorsqu'il s'était agi d'étudier la genèse de comportements élémentaires (manger, boire, dormir, se reproduire) à l'aide d'enregistrements de l'activité électrique de neurones dans les centres sous-corticaux du cerveau de lapins ou de singes. Nous devions nous retrouver, sans toutefois nous rejoindre, quelques années plus tard dans l'idée d'un « état central fluctuant » régnant aussi bien dans les hautes sphères corticales fréquentées par Jeannerod que dans les bas-fonds du cerveau où s'exerçaient mes travaux sur les passions animales. Je fais donc mienne cette phrase de mon ami : « Dans le vague à l'âme qu'entretient l'attente chez le chercheur, les idées s'enchaînent librement : la notion d'état central n'est après tout que la contrepartie biologique de celles d'intériorité et de subjectivité qui, elles, pénètrent en profondeur vers l'origine de l'action, vers le mystère de l'être. »

Dans son approche neurobiologique de l'action, Jeannerod se voulait l'héritier de Claude Bernard par le truchement de Michel Jouvet et de l'école de physiologie de Lyon dont le doyen Herman s'était fait le prophète. C'est toutefois à Kurt Goldstein qu'il doit d'avoir su transposer au fonctionnement du système nerveux de l'action les notions générales de régulation et d'homéostasie. Et ce, il faut insister sur ce point, en se tenant à l'écart de l'empire cybernétique qui venait d'envahir les sciences cognitives pures, après avoir soumis la linguistique, jusqu'à l'anthropologie et la psychanalyse lacanienne, en y faisant régner la terreur idéologique du structuralisme. La notion de régulation, en référence à un organisme ordonné et autonome, selon Goldstein, s'inspirait des mécanismes humoraux assurant la constance du milieu intérieur. L'activité psychique, associant comportement et affect, contribuait au maintien de l'équilibre de l'organisme entier.

Dans un article de 1993, Jeannerod proposait explicitement de transposer la notion de régulation au domaine du mouvement volontaire. Je reprends ici la citation figurant dans le livre, car elle occupe une place centrale dans la pensée de l'auteur. « Comparé à l'activité réflexe qui se produit dans un système énergétiquement fermé où l'énergie nécessaire à la réponse est présente dans le stimulus et dans l'écart par rapport à la référence, le mouvement volontaire, lui, semble procéder d'un système énergétiquement "ouvert" dont l'énergie vient de l'intérieur. C'est à ce titre que son origine endogène lui confère un caractère nouveau, informatif. Il procède d'une intention construite par le sujet, d'une représentation d'un but à atteindre qui sont ici les éléments déclencheurs du processus. Mais cette intention qui se construit progressivement, qui grandit jusqu'au moment où se déclenche l'action, n'en vient-elle pas à constituer elle aussi, par sa présence même, un écart par rapport à un état de référence ? Ne pourrait-on en effet considérer l'intention comme un état activé du système, créant un "besoin d'action" jusqu'à ce que, le but étant atteint, ce système se désactive et retourne à son état de repos ? D'une façon plus métaphorique, mais en même temps plus conforme à la nature même du mouvement volontaire, on pourrait exprimer les différents états de ce système en termes de désir : l'état activé serait un état désirant que l'action ramènerait à un état non désirant, à un état de satisfaction. Le système intentionnel n'apparaîtrait donc comme un système ouvert que parce que seraient ignorées les raisons qui sont à l'origine de la création de l'état désirant : si ces raisons venaient à être connues, le système intentionnel devrait alors être assimilé lui aussi à un système autorégulé. Si tel était le cas, le mouvement volontaire deviendrait à son tour, comme le mouvement réflexe, l'agent d'une régulation, d'une homéostasie d'un niveau certes plus élevé, mais qui lui conférerait le même ancrage à l'environnement extérieur. »

La différence fondamentale entre les deux types de motricité réside, en fait, dans leurs degrés respectifs d'implication téléonomique. Le réflexe, en tant que mécanisme de correction automatique d'écarts par rapport à une référence, répond à une fonction téléonomique bien définie : maintenir un état donné du système face aux fluctuations du monde extérieur. Le mouvement intentionnel, au contraire, possède une large autonomie vis-à-vis des besoins biologiques, et donc du monde extérieur. Il correspond à la définition d'un but, représentation de haut niveau dans la mesure où, précisément, elle n'est pas fixée une fois pour toutes.

En 1986, dans un ouvrage intitulé *Biologie des passions*, j'avais de même tenté d'introduire le concept de régulation dans le cerveau, en puisant dans les mêmes sources que Jeannerod, mais en tournant le dos aux fonctions corticales, comme je l'ai signalé plus haut et en privilégiant la régulation des affects qui permettait de réintroduire le sujet dans le « cerveau-machine », tout en évitant le piège de l'intériorité, à l'inverse de la position de Jeannerod cherchant à éviter les « pièges de la subjectivité ». En proposant de retrouver le concept de *psyché* frappé d'archaïsme, je proposais de restaurer le corps dans ses prérogatives, le concept de psyché suggérant une interaction continue de celui-ci avec son environnement qui s'exprime au sein du cerveau. L'expérience de base, c'est le sentir ; ce n'est pas le *logos*, mais le *pathos* : la capacité d'être affecté et d'affecter. La psyché englobe donc l'état et l'acte, mais, en accord avec la pensée de Jeannerod, il ne s'agit pas d'un système fermé dans lequel un comportement serait comme une réaction pure par laquelle l'organisme répond à ce qui advient dans son environnement, mais d'un système ouvert où l'acte résulte d'un mouvement expressif dans lequel il est en position seconde par rapport à l'état. Autrement dit, c'est l'état qui précède l'acte et non l'inverse. Nos deux positions ne sont donc finalement pas aussi opposées qu'en apparence. Chez Jeannerod, l'état intérieur est dégagé de toute causalité psychique égarée dans les mystères de l'être ; dans mon système, il n'est, en revanche, pas d'action volontaire qui échappe à l'empire des passions (affects) et aux diktats du désir. Sur les causes profondes de notre pseudo-désaccord, il y a un débat qui ne regarde que nous et fait tout le sel de notre amitié.

Je laisse au lecteur le plaisir de découvrir l'aventure intellectuelle et expérimentale qui l'a conduit à sa théorie de l'action qui se mêle au récit plus anecdotique de la décennie de l'Institut des sciences cognitives, un modèle de stratégie et de pragmatisme dans lequel les idées triomphent des tracasseries administratives. C'est aussi l'entrée de la philosophie au laboratoire, elle en sort régénérée et guérie d'une intoxication cognitiviste dangereuse. Le livre s'attarde sur le retour de l'empathie dans laquelle se manifeste la primauté chez l'homme de la présence affective et effective de l'autre.

Jeannerod consacre un long développement critique et particulièrement éclairant sur le rôle des fameux « neurones miroirs » décrits par Giacomo Rizzolatti, dont le pouvoir métaphorique et le succès médiatique ont quelque peu occulté la signification véritable, malgré le caractère heuristique indéniable du concept.

Je ne saurais entrer dans le foisonnement des idées et des données expérimentales rapportées dans le dernier chapitre où la philosophie de l'esprit avec ses sots, ses raseurs et ses génies, devient une fête de l'esprit : une revue critique et claire illuminée par la présence de l'autobiographie : sa révolution cognitive ; le portrait de l'auteur en philosophe ; comment il échappe à la psychanalyse ; le retour du médecin ; etc.

Quand s'éteint le feu d'artifice, on a envie de crier encore ! Qu'on se rassure, d'autres livres sont à venir.

Jean-Didier Vincent

La Fabrique des idées

Ce livre retrace un itinéraire scientifique qui s'est déroulé pendant une période charnière de l'histoire de la biologie, celle qui a vu la naissance des neurosciences modernes à partir des années 1950 et qui se poursuit encore de nos jours. Il ne s'agit pas, pour autant, d'un livre d'histoire, mais plutôt du récit d'une histoire personnelle vécue et racontée à partir du point de vue d'un témoin et d'un acteur de sa discipline.

Chaque itinéraire épouse l'identité de son auteur : le mien est celui d'un jeune médecin tombé sans savoir comment dans la recherche, et qui n'a eu de cesse que de transposer son savoir médical en termes de connaissances scientifiques. Comment ce chercheur accompli qui se penche aujourd'hui sur son passé se reconnaît-il dans le chercheur débutant qu'il était au moment où il faisait ses premières armes en préparant sa thèse ? Que sont devenues, au contact de la réalité des faits, les idées qui avaient guidé mes premiers choix ? Comment ai-je trouvé ma voie parmi les multiples directions possibles ? La sinuosité du parcours, la diversité des approches, les changements d'orientation, les efforts pour donner une cohérence à l'ensemble sont là pour témoigner des premières incertitudes.

La « fabrique des idées » renvoie à la fois au processus qui permet l'élaboration d'idées nouvelles, et au lieu où elles apparaissent et s'expriment, le cerveau. Les neurosciences, et singulièrement les neurosciences cognitives dont il sera surtout question ici, sont donc le domaine par excellence qui traite de ce phénomène de la naissance, de la vie et de la mort des idées. Les neurosciences cognitives telles que nous les connaissons aujourd'hui sont issues d'une double révolution. La première, celle qui prend le sens profond que lui donnent les philosophes intéressés par l'histoire des sciences, est la « révolution cognitive » survenue au milieu du siècle dernier. En quelques années, l'environnement intellectuel de la recherche sur le cerveau a été bouleversé par le retour sur le devant de la scène d'un revenant depuis longtemps disparu : le sujet. Ses idées, ses représentations, ses sentiments, en un mot sa subjectivité, tout ce que le béhaviorisme interdisait de regarder, sont redevenus objets de questionnement et d'expérimentation scientifique. L'ampleur de cette révolution est telle que, plusieurs décennies plus tard, le domaine reste encore évolutif : le stade de la recherche « normale » n'est pas encore atteint, la stabilisation autour de concepts admis par tous n'est pas encore réalisée.

Le système nerveux fonctionne par niveaux emboîtés les uns dans les autres : au-dessus du niveau de la membrane du neurone où se produisent les échanges responsables de la transmission synaptique, se trouve le niveau cellulaire qui donne au neurone ses caractéristiques génétiques ; mais un neurone n'est jamais seul, il fait partie d'un groupe au sein duquel tous les neurones possèdent les mêmes connexions et sont par ailleurs étroitement connectés entre eux. Ces groupes sont eux-mêmes mis en connexion les uns avec les autres pour former des réseaux d'un bout à l'autre du cerveau. Ce qui détermine finalement la fonction d'un neurone, c'est donc sa position dans une chaîne de traitement : il est visuel s'il est connecté au réseau qui part de la rétine ; il est moteur s'il est connecté aux régions de la moelle épinière qui actionnent les muscles ; entre ces deux extrémités, il dépend des autres régions avec lesquelles il se trouve associé. Les réseaux ainsi constitués ne sont en réalité pas que des entités anatomiques, ce sont aussi des entités fonctionnelles qui se font et se défont en fonction des besoins, de l'information à traiter, de la tâche à accomplir, du problème à résoudre. Le niveau de traitement auquel on aborde la fonction nerveuse dépend donc étroitement de la question que l'on se pose. Celui qui veut étudier le rôle d'un récepteur membranaire ou la synthèse d'un neuro-médiateur s'adressera au niveau synaptique ; celui qui s'intéresse au codage d'une information sensorielle ou à la production d'un mouvement s'adressera à telle ou telle population spécifique ; celui enfin qui travaille sur les fonctions cognitives chez des sujets humains utilisera les méthodes de la psychologie expérimentale et de la neuro-imagerie pour tenter d'identifier la contribution des différents réseaux impliqués dans ces fonctions. C'est la voie que j'ai choisie.

La seconde révolution est d'ordre technologique. À la différence de la première, elle ne constitue pas un changement de paradigme, mais un changement de pratique, ce qui, vu du laboratoire où s'effectue la recherche quotidienne, correspond sans doute à un bouleversement tout aussi important. La période de mes débuts a en effet été marquée par la diffusion à grande échelle de l'outil informatique, dont j'ai été le témoin ébahi pendant un séjour d'un an en Californie dans le laboratoire de José Pedro (Pépé) Segundo. Cette intrusion de l'ordinateur dans la vie du chercheur a pris, dans le domaine des neurosciences plus qu'ailleurs, une importance particulière, du fait même de la nature de la recherche : l'activité du cerveau s'observe sous la forme de signaux, potentiels et ondes électriques, répartis dans le temps de façon statistique et circulant dans des réseaux dont il faut reconstituer et visualiser l'anatomie complexe. J'ai d'abord connu l'époque où les résultats d'une expérience s'inscrivaient sur des tracés papier ou sur des films, sur lesquels on faisait des mesures à la main. Le laboratoire de Pépé Segundo fonctionnait sur un tout autre principe : nous passions la journée à enregistrer l'activité de neurones ; le soir, la bande magnétique qui contenait les données était déposée dans le centre de traitement situé au sous-sol du bâtiment, une immense salle climatisée remplie d'ordinateurs majestueux qui calculaient jour et nuit ; le lendemain matin, on nous remettait une liasse volumineuse où nos résultats étaient représentés sous la forme d'histogrammes. C'est ainsi que j'ai connu un des premiers centres au monde de traitement informatique, un lieu où s'élaboraient les techniques qui allaient profondément modifier la recherche dans tous les domaines, et particulièrement celui des neurosciences. Aujourd'hui, le même traitement est réalisé en quelques minutes au sein même de chaque laboratoire, sur un ordinateur de bureau. L'apparition des ordinateurs personnels et des logiciels de traitement en ligne des résultats a en effet encore modifié la donne. Grâce à ces nouveaux outils, le temps d'acquisition des données s'est accéléré, des protocoles expérimentaux standardisés ont été utilisés, des méthodes statistiques de plus en plus sophistiquées ont pu être appliquées, la possibilité de transmettre les données a favorisé les collaborations à distance.

À travers ce retour sur le cœur même de mes travaux et leur évolution au fil du temps, ce sont aussi ces deux révolutions que j'ai cherché à raconter.

CHAPITRE 1

Combats pour une nouvelle discipline : la neuropsychologie

Ma formation initiale de clinicien et, comme on le verra plus loin, mon intérêt refoulé pour la maladie mentale m'orientaient inévitablement vers l'étude des fondements neurologiques des fonctions cognitives. Mais à qui s'adresser ? À la fin des années 1960, la recherche dans ce secteur de la neurologie était principalement d'ordre spéculatif : au-delà de la description fine des déficits du patient, dans laquelle excellaient les grands cliniciens parisiens qu'étaient Garcin ou Lhermitte, on ne disposait alors que de l'autopsie pour réaliser la fameuse confrontation anatomo-clinique prônée par l'école de Jean-Martin Charcot à la fin du siècle précédent (le scanner X ne fit son apparition qu'au cours des années 1970), et pour en tirer des conclusions sur la localisation de la fonction atteinte. La signification de cette démarche pour comprendre le fonctionnement cognitif normal restait toutefois au second plan, faute d'une méthodologie adaptée. La neuropsychologie, la discipline qui allait bientôt combler ce vide, n'en était qu'à ses tout débuts, mal individualisée de la neurologie, boudée par la psychologie qui avait sa méthodologie propre et ne s'intéressait que de très loin aux sciences du cerveau.

La solution de mon problème s'est imposée de manière fortuite. En 1968, suite aux événements que l'on sait, j'étais devenu, par élection, membre d'une commission scientifique d'un organisme de recherche, l'Inserm. Cette commission, spécialisée dans la physiologie et la pathologie du système nerveux, comprenait une trentaine de membres, jeunes et moins jeunes : parmi ces derniers, Henry Hécaen, à côté de qui j'avais été placé par les hasards de l'ordre alphabétique. Hécaen était un homme paradoxal. Alors que, du fait de son âge et de sa notoriété, il aurait dû faire partie des membres influents de la commission, il adoptait au contraire une attitude détachée et quelque peu désinvolte qui le rapprochait des membres plus jeunes. C'est à ce comportement, je l'ai compris plus tard, qu'il devait son isolement par rapport à la communauté parisienne de neurologie ; isolement dont il jouait avec délectation pour marquer ses distances avec ses collègues français et mettre en avant ses contacts avec la communauté internationale. Cette liberté d'attitude m'avait d'autant plus impressionné que j'étais à l'époque pétri de la lecture du livre dont il était l'un des auteurs, *Le Cortex cérébral*. Pour les gens de ma génération, c'était la référence principale pour la neurologie des fonctions cérébrales dites « supérieures[1] ». Lorsque, dès la deuxième réunion de la commission, Hécaen m'avait proposé de participer à un congrès qu'il organisait pendant l'été suivant, j'avais accepté avec empressement.

À son contact, j'avais vite appris à décoder la situation qui régnait alors en France, c'est-à-dire à Paris. La chaire de clinique des maladies du système nerveux de la Salpêtrière,

---

1. J. de Ajuriaguerra et H. Hécaen, 1949.

héritée de Charcot, était aux mains des neurologues, de Jules Déjerine à Pierre Marie et plus récemment de T. Alajouanine à Paul Castaigne, le titulaire de l'époque. Ces noms sont évidemment associés aux études des fonctions corticales, dans une perspective qui sera reprise par la suite par une partie de la neuropsychologie ; mais il s'agissait alors d'études cliniques, visant surtout à la définition de nouveaux signes ou de nouveaux syndromes. C'est à la Salpêtrière, en effet, que se concentraient les malades présentant des troubles neurologiques consécutifs à des lésions d'origine vasculaire, une pathologie grande pourvoyeuse d'atteintes du cortex cérébral, et c'est donc là également que se localisait le savoir-faire de l'époque en matière d'étude des fonctions nerveuses supérieures, du langage à la mémoire, de la perception à l'action. Qui n'était pas membre de cette école se trouvait par le fait même privé de la possibilité d'étudier systématiquement ce type de pathologie.

Un bref historique me paraît ici nécessaire pour situer le rôle d'Henry Hécaen dans la période qui a précédé mes propres débuts dans ce nouveau domaine. Il se considérait lui-même comme le véritable fils de Jean Lhermitte[2], l'un des pionniers de la recherche en neurologie. Ce dernier, pourtant élève de Pierre Marie, était parmi ceux qui n'avaient pu trouver place à la Salpêtrière. Il avait dû passer par un poste de psychiatrie, pour se retrouver finalement chef de travaux dans un laboratoire d'anatomie pathologique de la faculté, et médecin de l'hospice Paul-Brousse, poste qu'il gardera jusqu'à sa retraite en 1947. Il donnera à la neuropathologie, en collaboration avec Pierre Marie et Gustave Roussy, d'importantes contributions,

---

2. Hécaen faisait volontiers état de sa rivalité avec son contemporain François Lhermitte, fils de Jean et brillant professeur de neurologie à la Salpêtrière, à qui il reprochait de céder à la « facilité ».

dont la plus marquante est la description des lésions de la chorée de Huntington. Son intérêt principal était ailleurs. En lisant son livre sur *Les Mécanismes du cerveau* publié en 1938[3], on voit se dessiner son programme de recherche : l'étude des symptômes à expression psychiatrique provoqués par des affections focales du système nerveux. Parmi ses plus proches élèves se trouvaient les deux personnalités atypiques qu'étaient Julian de Ajuriaguerra et surtout Henry Hécaen. De leur collaboration avec celui qu'ils appelaient leur maître et de leur collaboration mutuelle est issue, entre 1940 et 1960, une série de monographies devenues classiques, et qui toutes traduisent un esprit interdisciplinaire entièrement nouveau pour l'époque, dont le fameux *Cortex cérébral* que j'ai déjà mentionné. Le caractère atypique des deux auteurs est illustré par leurs carrières respectives. J. de Ajuriaguerra (Ajuria pour ses collègues), républicain espagnol émigré en France, dirigera un laboratoire d'anatomie pathologique à l'hôpital Sainte-Anne avant de devenir professeur de psychiatrie à Genève en 1952, puis professeur au Collège de France en 1975 dans une chaire intitulée « Neuropsychologie du développement ». Henry Hécaen, d'abord médecin militaire, puis neurologue dans un service de neurochirurgie, effectuera un séjour au Montreal Neurological Institute. À son retour en France, il continuera ses activités au sein du service de neurochirurgie à l'hôpital Sainte-Anne, avant de devenir directeur à l'École pratique des hautes études et de fonder une unité de recherche en neuropsychologie.

La nouveauté de l'approche d'Hécaen et Ajuriaguerra se situait dans la recherche d'un cadre suffisamment large pour pouvoir englober dans une même réflexion neurologie

---

3. J. Lhermitte, 1938.

et psychiatrie. Cette approche, directement inspirée de l'enseignement de Jean Lhermitte, prolongeait en fait une ligne de pensée inaugurée par Charcot lui-même et qui, en France, passe par Pierre Janet pour aboutir à Henri Ey, l'héritier de la tradition clinique en psychiatrie. Au-delà de nos frontières, les auteurs les plus représentatifs en avaient été Hughlings Jackson, puis von Monakow et, dans un sens un peu différent, Kurt Goldstein. J'analyse ici, comme illustration de cette ligne de pensée, le rapport écrit par Ajuriaguerra et Hécaen intitulé « Dissolution générale et dissolution locale des fonctions nerveuses[4] ». Ce rapport fait partie d'un débat entre les deux auteurs et Henri Ey, qui eut lieu en septembre 1943 à l'hôpital psychiatrique de Bonneval et qui fut publié en 1947 par Henri Ey sous le titre *Les Rapports de la neurologie et de la psychiatrie*[5]. Le texte d'Ajuriaguerra et Hécaen, bien qu'oublié aujourd'hui, reste une contribution fondamentale préfigurant la neuropsychologie.

La question que posaient les auteurs était d'ordre méthodologique : doit-on séparer les symptômes focalisés, ceux qui résultent de la dissolution d'une fonction élémentaire, des troubles globaux, ceux qui résultent d'une dissolution générale des fonctions nerveuses ? La démence, par exemple, résulte-t-elle de l'addition de troubles des fonctions élémentaires (le syndrome aphasie-apraxie-agnosie) ou bien relève-t-elle au contraire de l'atteinte d'un système plus global assurant la synthèse des fonctions élémentaires ? La réponse qu'Ajuriaguerra et Hécaen donnaient à ces questions était que les deux processus étaient indissociables l'un de l'autre. C'est la clinique classique, pensaient-ils, qui,

---

4. J. de Ajuriaguerra et H. Hécaen, « Dissolution générale et dissolution locale des fonctions nerveuses », *in* H. Ey, *Les Rapports de la neurologie et de la psychiatrie*, Paris, 1947.
5. H. Ey, 1947.

en s'intéressant aux symptômes et à la lésion qui les produit, a créé des fonctions arbitraires. Or les fonctions nerveuses ne sont pas statiques, elles sont coordonnées entre elles de manière dynamique, si bien qu'une lésion ne désorganise pas seulement une fonction autonome qui dépendrait de la zone lésée, mais le fonctionnement de l'ensemble : la localisation de la lésion ne correspond pas à celle de la fonction.

Les arguments d'Ajuriaguerra et Hécaen pour réfuter toute séparation entre fonctions élémentaires et fonctions globales empruntaient à la fois à la notion de niveaux d'intégration de Jackson et à celle de dissociation entre « forme » et « fond » héritée de la psychologie gestaltiste, reprise par Kurt Goldstein. Si on admet en effet que les fonctions sensori-motrices élémentaires et les fonctions psychiques assurant la synthèse des fonctions élémentaires correspondent à deux plans différents, comment concilier leur nécessaire intégration au cours du développement ? S'il est logique de penser que les fonctions élémentaires se développent les premières, assurant des réponses mécaniques à des stimuli grossiers, puis que les systèmes de synthèse apparaissent ensuite pour coordonner l'ensemble, comment ces derniers acquièrent-ils leur fonction de contrôle ? Surviennent-ils, selon les termes mêmes des auteurs, « à un moment donné, brusquement, comme un dictateur après un coup d'État » ? En séparant les fonctions élémentaires des mécanismes assurant la synthèse, on donnerait à ces derniers une valeur « animiste ». En fait, concluaient-ils, le neurologique et le psychiatrique vont de pair. Il n'existe pas de séparation entre les systèmes opérant à différents niveaux. « Par le fait même que les systèmes paraissent s'intégrer les uns aux autres ils perdent leur caractère d'autonomie. Une fois intégrés, ils font partie du tout. Avant un certain niveau d'intégration, il y avait un "tout", une fois intégré à un autre niveau, il y a un autre "tout[6]". »

Dans sa réponse au rapport, Henri Ey ne cachait pas sa déception devant ce qu'il appelait un « effacement à peu près total de toute différence de "plan" ou de "structure" entre la neurologie et la psychiatrie[7] ». Il reprochait aux auteurs de céder à la facilité d'une explication du supérieur par l'inférieur, en se référant à une localisation plus ou moins élevée du trouble dans le système nerveux, la neurologie allant jusqu'au diencéphale et le champ de la psychiatrie se confondant avec celui du cortex cérébral. « Ce qui définit le plus exactement leur position, affirmait Henri Ey, me paraît être moins le souci manifeste de concevoir le phénomène neurologique comme un trouble global que la tendance réelle à "ramener" le trouble psychiatrique au trouble neurologique[8]. »

Henry Hécaen et la structuration de la neuropsychologie

À Montréal, Hécaen avait rencontré certains des personnages clés de la neuropsychologie naissante, le neurologue Herbert Jasper, le neurochirurgien Wilder Penfield et la psychologue Brenda Milner. La pratique du séjour en Amérique du Nord, avant de devenir un passage obligé pour tout jeune chercheur, était encore très peu répandue dans le milieu médical français de l'époque. Cette

------

6. H. Ey, p. 97.
7. *Ibid.*, p. 99.
8. *Ibid.*, p. 100.

expérience allait avoir de lourdes conséquences pour la suite de la carrière d'Hécaen puisque, comme on l'a vu, elle lui conférait une indiscutable dimension internationale tout en le marginalisant durablement par rapport à la communauté des neurologues parisiens[9].

Hécaen n'avait toutefois pas attendu son séjour au Canada pour rechercher des contacts au-delà des frontières et pour mettre en œuvre sa vision de la neuropsychologie. En marge du Congrès international de neurologie et psychiatrie, qui se tenait à Paris en 1950, il avait réuni quelques collègues et leur avait proposé l'organisation d'une rencontre de travail annuelle sur des thèmes à la frontière de la neurologie, de la psychologie et de la psychiatrie, utilisant pour définir ce domaine le vocable de « neuropsychopathologie », terme qui apparaissait déjà comme sous-titre de la première édition du *Cortex cérébral* en 1949. La première rencontre de ce nouveau groupe avait eu lieu dès 1951, en Autriche. Ces rencontres sont rapidement devenues une institution (International Neuropsychological Symposium, INS) dont la seule activité était la réunion annuelle pendant la dernière semaine du mois de juin. Son prestige reposait pour une bonne part sur son caractère confidentiel et quelque peu « aristocratique » : il fallait en effet appartenir à la garde rapprochée d'un des membres fondateurs pour être invité à y participer. Les réunions de l'INS à ses débuts rassemblaient uniquement des participants européens, mais Hécaen chercha rapide-

---

9. Hécaen faisait de la distinction entre neurologie et neuropsychologie une question de principe. Plus tard, en juin 1980, il refusera de participer à la célébration du centenaire de la mort de Paul Broca, organisée par Jean-Louis Signoret à la Salpêtrière. La raison qu'il m'avait donnée de ce refus était que la neuropsychologie devait se démarquer de la neurologie et non revenir sous sa coupe. La Salpêtrière, c'était la neurologie ; la neuropsychologie, c'était lui.

ment à y intégrer des Américains. Le premier à apparaître dans la liste des participants fut Hans Lukas Teuber, directeur depuis 1960 d'un département du Massachusetts Institute of Technology (MIT), intitulé « Department of Psychology and Brain Science », sur lequel je reviendrai longuement dans un autre chapitre.

Participants à la réunion de l'International Neuropsychological Symposium (INS) à Constance au mois de juin 1973. Henry Hécaen est au centre, avec à sa gauche, Ennio de Renzi. À l'extrémité droite de la photo, on reconnaît Oliver Zangwill à côté de Brenda Milner, à la droite de laquelle se tient Hans Lukas Teuber (cravate). Au fond à droite, Emilio Bizzi (cravate) : à sa gauche, Richard Held (veste sur l'épaule) ; à sa droite, Athanase Tzavaras, Marc Jeannerod.

Hécaen avait séjourné dans le nouveau département de Teuber dès le printemps de 1961 : c'est au cours de ce séjour que fut prise la décision de créer un journal international destiné à affirmer le statut scientifique de la neuro-psychologie et à lui donner un moyen d'expression à la hauteur de ses ambitions. L'histoire de la création de ce journal, dont je devais plus tard assurer la direction scientifique pendant une dizaine d'années, vaut d'être racontée en détail. L'idée en avait germé au fil des rencontres de l'INS, à partir de discussions entre Hécaen, Teuber, et d'autres participants dont Oliver Zangwill, professeur de psychologie à Cambridge et Richard Jung, professeur de neurologie à Fribourg-en-Brisgau. Dès le début du mois de mai 1961, une intense correspondance épistolaire orchestrée par Hécaen depuis Paris s'était établie entre ces quatre protagonistes[10]. La composition du comité éditorial initialement proposée par Hécaen et Teuber était fondée sur la parité entre l'Europe (trois membres, Hécaen, Jung et Zangwill) et l'Amérique (deux Nord-Américains, Teuber et Derek Denny-Brown, et le Mexicain Raul Hernandez-Peon). Du côté européen, Jung préférera se désister en faveur de Clemens Faust ; du côté américain, Hernandez-Peon sera vite récusé par Denny-Brown au prétexte du caractère « nébuleux » de ses travaux. Au début de 1962, sur proposition de Teuber et Zangwill, une demande sera adressée à Alexander Luria, qui acceptera immédiatement. Un septième membre sera finalement ajouté en juin 1962, à la suite de l'inquiétude exprimée par plusieurs chercheurs, dont Mortimer Mishkin, de ne pas voir figurer les recherches sur l'animal parmi les priorités du journal. Le nom de Karl Pribram sera retenu, malgré les réticences de Teuber qui le trouvait « plus adonné à la philosophie qu'au travail de laboratoire ». Quant à la composition du comité d'éditeurs associés, il donnera lieu à de subtils dosages en fonction des pays et des disciplines. Le dossier de corres-

---

10. Cette correspondance a été intégralement conservée. Elle témoigne d'une collaboration exemplaire entre les acteurs des débuts de la neuropsychologie.

pondance contient des réponses positives de la plupart des sommités de l'époque : R. Granit, H. Klüver, W. Penfield, J. Szentagothai, A. Benton, Brenda Milner, N. Chomsky, J. Piaget, F. Bremer, J. Konorski, R. Sperry (sans oublier un Grec, un Hollandais, un Italien, un Espagnol, deux Sud-Américains, etc.). Parmi les Français, n'avaient été invités que trois éditeurs associés : outre le neurophysiologiste Alfred Fessard, seuls Alajouanine et Angelergues représentaient le milieu parisien. Ajuriaguerra, lui, figurait dans la liste au titre de la Suisse.

Un événement inattendu était survenu au début du mois de septembre 1961, sous la forme d'une lettre adressée à Hécaen par le professeur Gildo Gastaldi, directeur de la chaire des maladies nerveuses et mentales de Milan. Gastaldi, ignorant apparemment le projet de *Neuropsychologia*, proposait de son côté la création d'un journal consacré à « l'étude des activités encéphaliques supérieures, c'est-à-dire de ces fonctions du plus haut niveau d'intégration qui ont un siège surtout cortical et qu'on peut examiner à l'aide de méthodes neurophysiologiques aussi bien que psychologiques » (lettre du 7 septembre 1961). Le titre proposé pour le journal était *Cortex. Journal des activités encéphaliques supérieures*. Les échanges épistolaires entre Hécaen, Teuber, Zangwill, Denny-Brown traduisent un certain embarras, essentiellement du fait de la vacuité du dossier scientifique de Gastaldi. Hécaen lui donne une réponse « évasive » sans écarter tout à fait une possible fusion, d'autant plus que Gastaldi faisait état d'un financement de son projet par une fondation privée. Le problème du financement de *Neuropsychologia* s'était en effet posé à ses promoteurs, qui avaient essuyé des refus de la part de plusieurs organismes (NIH, Fondation mondiale de neurologie). Finalement, la solution à ce problème et à celui de la concurrence de *Cortex* fut trouvée en quelques jours, de manière tout aussi inattendue. Le 14 novembre, Teuber écrit à Hécaen qu'il a entendu dire que l'éditeur anglais Pergamon Press serait intéressé par le journal, même sans garantie financière. Le 20 novembre, Hécaen écrit au Captain Ian Maxwell, directeur de Pergamon Press, pour lui soumettre son projet. Le 23 ou le 24 novembre, Maxwell, de passage à Paris, donne à Hécaen par téléphone une réponse « positive et même enthousiaste ». Le 24 enfin, Hécaen écrit à ses collègues pour annoncer la nouvelle et relancer le processus. Dès lors, la proposition de Gastaldi est oubliée. *Neuropsychologia* publiera son premier numéro au premier trimestre de 1963, quelques mois après celui de *Cortex*, paru à la fin de 1962.

Vers une nouvelle synthèse

Le premier numéro de *Neuropsychologia* s'ouvrait par une « préface » traduite en trois langues, anglaise, française et allemande. Portant la marque aisément reconnaissable du style d'Hécaen, elle retrace les étapes de la création du journal ; surtout, elle définit les limites du domaine de la neuropsychologie et, à ce titre, mérite d'être largement citée.

« Sous le terme de neuropsychologie, il semble qu'on soit en droit de délimiter un domaine particulier de la neurologie principalement corticale qui intéresse à la fois, neurologistes, cliniciens, psychiatres, psychologues, psychophysiologistes et neurophysiologistes.

» Ce domaine concerne les troubles des activités mentales supérieures et plus spécialement les troubles du langage, du geste et de la perception. Si certains de ces domaines ne peuvent à l'évidence être étudiés que chez l'homme, l'expérimentation animale fournit cependant des éléments d'importance à la compréhension de la pathologie humaine en éclaircissant les mécanismes de base et en précisant les modes de l'organisation cérébrale.

» Les faits d'apprentissage, de conditionnement, de transfert, d'écologie, constituent également des apports qui ne sauraient être négligés par les "neuropsychologues". De même, la psychologie génétique, en montrant les modes d'intégration des fonctions, est d'un intérêt capital pour l'interprétation de leur désorganisation, l'étude doit en être menée chez l'enfant normal comme chez l'enfant ayant subi des atteintes de son système nerveux.

» [...] C'est donc à la constitution d'une nouvelle discipline que répond la nécessité de créer un organe nouveau. En effet, la neuropsychologie est devenue une spécialité créée par des chercheurs issus de disciplines différentes et dont les préoccupations les rapprochent de plus en plus alors qu'elles les distinguent de leurs collègues de leurs disciplines d'origine[11]. »

Vingt ans plus tard, dans *Les Fonctions du cerveau*[12], un livre publié en collaboration avec Georges Lantéri-Laura, ainsi que dans d'autres ouvrages, Hécaen reviendra sur cette définition. La neuropsychologie y apparaît comme une discipline charnière, qui « n'opère pas directement sur les rapports du cerveau et du comportement », mais tente une synthèse de multiples informations permettant d'« imaginer un modèle de ces liens entre cerveau et comportement chez l'homme, qui, à la fois utilise le plus d'informations et

---

11. Préface, *Neuropsychologia*, 1963, 1, p. 5-6
12. H. Hécaen et G. Lantéri-Laura, *Les Fonctions du cerveau*, Paris, Masson, 1983.

requiert le moins d'hypothèses[13] ». Le principe des localisations cérébrales restait, dans la pensée d'Hécaen, un modèle opérationnel même si, comme on le verra plus loin, il devait être revu et adapté. Il permettait d'établir une norme entre structures et fonction, norme indépendante des conditions propres à l'individu, à son environnement ou à la nature de sa lésion. Cette norme se constituait ainsi comme une loi de localisation moyenne avec dispersion : à certaines époques, on avait privilégié la zone de plus grande densité de représentation de la fonction et donc la localisation ; à d'autres époques, c'est la dispersion et les cas négatifs, et donc le caractère global de la relation structure/fonction, qui avaient été mis en avant. Les deux approches paraissaient fondées, la première du fait de l'accumulation de données en faveur de l'existence de localisations fonctionnelles, la seconde, par suite de l'existence de données tout aussi convaincantes en faveur de la plasticité cérébrale.

L'histoire que je viens de raconter ne me concerne évidemment pas directement, mais, d'une certaine façon, c'est là que se trouve une partie de mes racines. Ceux qui ont vécu leur début de carrière neurologique au cours des années 1950-1960 savent à quel point les frontières qui séparaient les disciplines, comme celles qui définissaient les pratiques, étaient poreuses et imprécises. Neurologie, psychiatrie, voire neurochirurgie, n'étaient pas des domaines clairement délimités, pas plus que la clinique hospitalière, la recherche de laboratoire ou l'exploration fonctionnelle n'étaient des champs d'activité circonscrits : en un mot, tout le monde faisait un peu de tout, chacun créait sa propre spécialité selon ses disponibilités et ses compétences. Pour le nouvel arrivant que j'étais, la voie était libre.

---

13. *Ibid.*, p. 5.

CHAPITRE 2

Le cerveau modifiable

Henry Hécaen est resté près de vingt ans le rédacteur en chef de *Neuropsychologia*, la revue qu'il avait créée. Un soir de novembre 1980, à sa façon abrupte habituelle, il m'avait proposé de lui succéder : comme j'avais dû lui donner l'impression d'hésiter à accepter sa proposition, il m'avait glissé comme argument décisif : « Vous savez, ça ne se refuse pas. » Je n'ai d'ailleurs jamais regretté cette décision pendant les neuf années qu'a duré mon mandat. La fonction de rédacteur en chef d'une revue scientifique est une position stratégique d'où l'on jouit d'une vision panoramique sur l'ensemble d'une discipline. Je voyais arriver chaque semaine les dernières nouvelles de la neuropsychologie, sous la forme d'articles soumis par ses principaux protagonistes. Une part importante des études portait alors sur la question de la latéralisation hémisphérique. Comme on le sait depuis Paul Broca, qui avait décrit la localisation dans l'hémisphère gauche des lésions responsables d'une forme d'aphasie, cette question est centrale en neuropsychologie. En témoignent les travaux classiques de Karl Wernicke, de Hugo Liepmann et de beaucoup d'autres sur le rôle de l'hémisphère gauche dans le contrôle de l'action et du langage, ainsi que ceux, plus récents, de Russell Brain et d'Hécaen lui-même sur le rôle de l'hémisphère droit dans la perception de l'espace.

Le panorama changeant de la neuropsychologie

À la fin des années 1960, l'intérêt pour la latéralisation avait été relancé par les observations réalisées par Roger Sperry et ses collègues chez des sujets dits *split-brain*. Ces sujets, des épileptiques qui avaient subi une transsection complète du corps calleux pour réduire la fréquence et l'importance de leurs crises, constituaient une population providentielle pour l'étude séparée de chacun des deux hémisphères cérébraux. Compte tenu du fait que leurs hémisphères étaient indemnes (à la lésion épileptogène près), les résultats obtenus au cours de ces travaux ont grandement contribué à la compréhension de la spécificité et de la complémentarité du traitement opéré normalement par chaque hémisphère pour accéder à la reconnaissance des objets, à la compréhension du langage ou à la perception des émotions. Sperry avait mis au point un dispositif permettant de présenter des informations à un seul hémisphère à la fois. Dans une de ces expériences célèbres, on projetait sur un écran un mot (le nom d'un objet) dans la partie du champ visuel correspondant à l'un ou l'autre des hémisphères, tandis qu'on enregistrait la réponse du sujet, soit par la voie motrice (avec la main opposée à l'hémisphère stimulé), soit par la voie verbale. Si le mot était vu par l'hémisphère gauche, le sujet le répétait correctement ; si, en revanche, le mot était vu par l'hémisphère droit, le sujet était incapable de le répéter. Dans ce dernier cas, toutefois, il était capable, avec sa main gauche, d'identifier l'objet correspondant au mot présenté parmi d'autres objets disposés devant lui et cachés à sa vue. L'expérience révélait qu'un même mot peut être reconnu de deux façons, soit décodé par l'hémisphère gauche comme un élément du lexique, soit perçu par l'hémisphère droit comme une forme associée à un objet.

Dans une forte proportion, les articles soumis pour publication à *Neuropsychologia* partaient du principe que les patients porteurs de lésions latéralisées pouvaient bien représenter, eux aussi, une source potentielle d'information sur le rôle spécifique de chaque hémisphère. Toutefois, la méthode mise au point par Sperry pour la présentation d'un stimulus visuel à un seul hémisphère était d'utilisation difficile dans un contexte clinique. On contournait cette difficulté en présentant le stimulus au patient dans des conditions de vision normale : le stimulus pouvait accéder aux deux hémisphères à la fois, mais du fait que l'un des deux était lésé, on pouvait légitimement penser que la réponse donnée par le patient reflétait la capacité (ou l'incapacité) de traitement du stimulus par l'hémisphère resté intact. Le problème le plus sérieux rencontré par ces études cliniques était celui de la délimitation précise des lésions. Comme on peut facilement l'imaginer, les lésions provoquées par la pathologie, qui dépendent des territoires vasculaires atteints, ne sont pas entièrement superposables d'un cas à l'autre. La solution adoptée par la plupart des neuropsychologues autour de 1960 était donc de grouper les patients selon un critère macroscopique, le côté de la lésion. Typiquement, les groupes étaient constitués en fonction, non seulement du côté atteint (droit ou gauche), mais aussi du niveau, antérieur ou postérieur, de la lésion : on pouvait ainsi réaliser une comparaison statistique des performances des quatre groupes dans l'exécution de la même tâche[1]. Toutefois, ces études de groupes n'avaient pas que des avantages. Pour éviter les biais de sélection, les patients étaient en effet regroupés selon des critères strictement anatomiques, sans tenir compte de leurs symptômes, ce qui avait pour inconvénient que les cas les plus intéressants pour la fonction étudiée risquaient souvent d'être noyés dans les cas chez qui les symptômes étaient moins marqués. De surcroît, ces études manquaient de flexibilité, puisqu'elles imposaient de maintenir les mêmes critères de sélection et de conserver les mêmes tests tout au long d'une étude qui pouvait s'étaler sur plusieurs années.

En adoptant la méthode des groupes, la communauté des neuropsychologues n'avait en fait jamais renoncé aux études portant sur des cas individuels. Ces dernières avaient fait la fortune de la neuropsychologie classique, tendance Salpêtrière, qui décrivait des syndromes à partir de cas cliniques typiques, où la topographie de la lésion pouvait ensuite être vérifiée par autopsie. On pouvait ainsi établir une relation entre une structure anatomique et une fonction supposée, inférée à partir du regroupement des symptômes. C'est ce côté arbitraire qui avait conduit à préférer pour un temps les études de groupes, jusqu'à ce que leurs résultats décevants ne rendent inévitable le retour aux cas individuels. Entre-temps, cependant, le cadre conceptuel avait changé. La neuropsychologie ne pouvait rester insensible aux nouveaux concepts élaborés par la psychologie cognitive, qui allaient modifier en profondeur la façon

---

1. Les méthodes statistiques applicables aux études portant sur des groupes ont été utilisées dès les années 1950 dans le service de neurochirurgie de David, à Paris.

d'aborder les relations entre structure et fonction dans le cerveau. Jerry Fodor avait remis au goût du jour le concept de « modularité », selon lequel l'appareil cognitif pouvait être considéré comme une collection de systèmes de traitement spécialisés[2]. De leur côté, les neurophysiologistes avaient découvert à partir de la fin des années 1950 que l'organisation anatomique et fonctionnelle du cortex cérébral était, elle aussi, de nature modulaire. Il devenait donc théoriquement possible, grâce aux études menées chez des patients porteurs de lésions focales, de faire cadrer modules cognitifs et modules anatomiques. Les troubles du langage se prêtaient particulièrement bien à cette approche. C'est ainsi que certains malades peuvent présenter une difficulté de compréhension, d'expression ou de lecture sélective pour certaines classes de mots, comme si chacune de ces classes correspondait à un module de traitement spécifique.

La démarche de la neuropsychologie devenue « cognitive » se plaçait à l'opposé de celle des études classiques de cas individuels réalisées par les neurologues : ce n'était plus l'observation clinique qui guidait le regroupement des symptômes, c'était au contraire le modèle théorique de la fonction étudiée qui prévoyait les symptômes selon le module atteint. Cette démarche n'était évidemment valide que dans le cadre de cas individuels puisque, comme le rappelait Alfonso Caramazza, il est impossible de démontrer empiriquement que les lésions sont homogènes et équivalentes chez un groupe de patients. On ne peut donc s'assurer que le même module fonctionnel est atteint chez tous les membres du groupe. Caramazza en concluait que « seules les études portant sur un seul patient permettent de faire des inférences valides sur la structure des

---

2. J. Fodor, 1983.

systèmes cognitifs normaux à partir de la configuration des troubles observés » et que, par conséquent, « la catégorisation classique des troubles (aphasie de Wernicke, agrammatisme, etc.) n'est d'aucune utilité pour les recherches qui étudient la nature des processus cognitifs normaux à partir de l'analyse des désordres cognitifs[3] ». Plus dur encore, Fodor affirmait que la « triste vérité », « c'est que nous savons peu de choses sur la psychologie des processus du langage chez le normal bien qu'on étudie l'aphasie depuis plus d'une centaine d'années[4] ». C'était donc l'étude approfondie du patient qui mettait en évidence le déficit, ce qui du même coup, par reconstruction inverse, démontrait l'existence de la fonction et validait le modèle qui avait été élaboré pour décrire cette fonction. Selon cette conception, la démarche du neuropsychologue qui reconstruit l'architecture cognitive normale n'était pas très éloignée de celle de l'archéologue qui tenterait de reconstruire l'ensemble d'une civilisation disparue à partir des vestiges qu'elle avait laissés.

La description de cas individuels rendait par ailleurs possible une comparaison raisonnée entre patients. Considérons par exemple le cas d'un patient porteur d'une lésion affectant un module A, et qui échoue dans la tâche correspondante *a* ; on peut vérifier que ce même patient réussit la tâche *b* qui relève d'un autre module B. Pour peu qu'on rencontre par ailleurs un patient chez qui le module B est lésé et le module A intact, et qui échoue dans la tâche *b* tandis qu'il réussit la tâche *a*, on se trouve alors dans la situation dite de « double dissociation ». L'existence d'une telle double dissociation dans un domaine

---

3. A. Caramazza dans X. Seron (éd.), 1990, p. 187.
4. Cité par Caramazza, *ibid.*, p. 192.

défini (le langage, la perception visuelle) est considérée par les neuropsychologues comme un des plus sûrs moyens d'attribuer le déficit d'une fonction à la lésion d'une structure donnée. J'en montrerai plusieurs exemples au chapitre suivant.

L'affirmation de l'importance des études de cas individuels dans le cadre renouvelé de la neuropsychologie cognitive a précédé de peu le retour en force des études de groupes. Il s'agissait, cette fois, non pas de patients, mais de sujets sains participant à des expériences de neuro-imagerie fonctionnelle. Les premiers imageurs tridimensionnels sont apparus dans les années 1990. La tomographie par émission de positrons (TEP), première technique disponible, permettait d'enregistrer les modifications locales de la consommation d'un isotope radioactif de l'oxygène occasionnées par l'activation d'une zone du cortex cérébral. En raison de la faiblesse du signal (due à la limitation de la dose de radioactivité), les études de TEP nécessitaient l'utilisation de groupes de sujets dont on traitait les résultats de façon statistique : pour pallier l'inconvénient de la variabilité de la topographie du cortex cérébral d'un sujet à l'autre, on utilisait (on utilise encore) un atlas réalisé coupe par coupe à partir d'un cerveau unique. On superposait les coupes tomographiques aux coupes correspondantes de l'atlas en leur faisant subir (numériquement) une déformation élastique, ce qui permettait de ramener les cerveaux des sujets à un cerveau de référence. Le premier et le plus célèbre de ces atlas est l'atlas stéréotaxique de Jean Talairach, un neurochirurgien de l'hôpital Sainte-Anne contemporain d'Henry Hécaen. Notons que l'opposition entre partisans des études de groupe et des études de cas individuels n'est pas propre à la neuropsychologie. Nous la retrouverons dans le cadre de la psychiatrie, où la singularité irréductible de chaque patient est affirmée comme un principe fondamental par les cliniciens, tandis que le regroupement et l'analyse statistique s'imposent pour les travaux expérimentaux.

La plasticité cérébrale

À l'époque où je l'ai connu, Henry Hécaen était au sommet de sa carrière. Il avait déjà à son actif une dizaine d'ouvrages, écrits pour la plupart en collaboration avec des collègues aux compétences complémentaires des siennes : Angelergues et Ajuriaguerra au début, puis Dubois, Lantéri-Laura, Martin Albert par la suite. Fidèle à sa méthode, il m'avait proposé d'entrée de jeu de collaborer avec lui pour la rédaction d'un nouveau travail qu'il avait en projet sur les bases neurophysiologiques de l'adaptation et de la restauration fonctionnelles. Comme beaucoup d'autres, vers le milieu des années 1970, il avait ressenti la nécessité d'adapter le modèle localisationniste classique, tel qu'il fonctionnait dans la pratique neurologique courante, aux conceptions nouvelles issues de l'expérimentation. La tendance générale était à la « plasticité cérébrale », à la faveur des premières découvertes sur les modifications anatomiques du réseau nerveux en réponse à une lésion. Gerry Schneider, un des membres du laboratoire de Teuber au MIT, venait de montrer qu'une lésion partielle du système visuel chez le hamster provoquait l'apparition de projections aberrantes des fibres en provenance de la rétine dans les régions épargnées par la lésion[5]. Teuber, qui

------

5. G. Schneider, 1969.

avait présenté ces résultats en avant-première lors d'une des sessions de l'INS, avait parlé à ce propos d'un effet d'« élagage » : lorsqu'on élague un arbre, les racines et les branches restantes se développent et bourgeonnent. Dans le cas des fibres nerveuses, il se produit aussi un bourgeonnement synaptique réactionnel, qui vient combler les vides laissés sur la membrane des neurones par les fibres qui ont dégénéré. Dans d'autres laboratoires, on parlait d'une « lutte pour l'espace synaptique » laissé vacant par la lésion pour décrire le même phénomène. Les perspectives ouvertes par ces découvertes étaient doubles : d'une part, elles pouvaient représenter une explication pour les phénomènes de récupération observés en clinique après une lésion, et mener à un renouvellement des techniques de réhabilitation utilisées en clinique ; d'autre part, elles changeaient les conceptions sur la localisation fonctionnelle et sur les relations entre structures et fonctions dans le système nerveux. Comme nous l'avions affirmé avec prudence dans l'introduction de l'ouvrage, « nous sommes conduits à une conception dynamique des localisations, qui réconcilie d'une part une représentation en mosaïque des fonctions, et d'autre part la notion de relations multiples entre les centres. En même temps qu'on affirme la localisation, on la fait entrer dans un nouveau schéma d'interconnexions et de convergences[6] ».

Le livre, paru en 1979, faisait le point sur les travaux les plus récents et en tirait des enseignements pour expliquer la récupération fonctionnelle. Ce phénomène nous semblait pouvoir se ramener à deux types de processus complémentaires : *restitution* et *substitution*. Le premier processus traduisait la tendance du réseau nerveux à se

---

6. M. Jeannerod et H. Hécaen, 1979, p. 5.

reconstituer et à rétablir sa continuité lorsqu'il avait été interrompu. Relativement indépendant des influences du milieu extérieur, il était la conséquence d'une propriété intrinsèque du réseau, la capacité des synapses à se modifier en réponse à une lésion. Cette réponse obéissait à son déterminisme propre : elle dépendait de la présence de signaux chimiques traduisant l'existence de sites synaptiques vacants ; son intensité était fonction de la distance séparant la lésion des neurones cibles des fibres lésées ; enfin, elle différait selon le type de neurones affecté par la lésion, certaines catégories étant davantage susceptibles de régénérer que d'autres. Ces différents facteurs pouvaient retentir sur l'ensemble du phénomène de récupération et en expliquer les caractéristiques. Ainsi, la plus grande récupération observée à la suite de lésions survenant au stade néonatal ou au cours des premiers stades du développement postnatal (le classique « effet Kennard ») pouvait s'expliquer par la présence de facteurs de croissance nerveuse, en quantité plus importante pendant la période de développement ; de même, la récupération plus complète observée dans le cas de lésion progressive, par opposition aux lésions massives d'emblée, était expliquée par le déclenchement, dès les premières atteintes, d'une réponse neuronale qui s'adaptait progressivement à l'évolution de la lésion. Le processus de restitution pouvait également relever de phénomènes fonctionnels liés de manière indirecte à la lésion. Certaines parties du réseau sont en effet susceptibles, lorsqu'elles sont déconnectées de l'ensemble, d'augmenter leur activité spontanée et de la maintenir à un niveau élevé (la classique « hypersensibilité de dénervation »), ce qui permet de suppléer les effets de la déconnexion sur l'activité de l'ensemble du réseau. Enfin, la lésion pouvait paradoxalement libérer l'activité d'autres voies parallèles à la voie lésée, et permettre ainsi la circulation de l'information par des circuits secondaires. On pouvait même penser que ces synapses « latentes » représentaient un mécanisme de réserve anticipant la survenue éventuelle de lésions ou de perturbations du système, constituant ainsi la base physiologique d'une récupération fonctionnelle par vicariance. On pouvait cependant soupçonner que ces voies parallèles ne présentaient pas la même sécurité de transmission que la voie normale et ne permettait pas de réaliser des performances équivalentes. Les phénomènes classiquement observés de fatigabilité exagérée ou de rupture brutale de la performance chez des patients en cours de récupération, pouvaient trouver, là encore, une explication physiologique.

Le second processus de récupération fonctionnelle que nous avions proposé, la *substitution*, rendait compte de la tendance à utiliser de façon optimale le réseau nerveux partiellement reconstitué pour obtenir l'expression d'une fonction. À l'inverse du processus de restitution, la substitution dépendait en grande partie des influences du milieu extérieur. On trouvait là une justification pour les méthodes rééducatives qui cherchent à enrichir l'environnement du patient pour lui permettre d'acquérir des stratégies optimales de remplacement[7]. Un élément important

---

7. Avec Pekka Putkonen et Jean-Hubert Courjon, nous avions mis en évidence un exemple typique du mécanisme de substitution, chez des chats qui avaient subi l'ablation du labyrinthe d'un côté. La lésion est suivie d'un intense syndrome de déséquilibre qui s'atténue en quelques jours. Cette « compensation » est due en grande partie à une réorganisation des connexions au sein des noyaux vestibulaires et du cervelet. Toutefois, si l'animal est maintenu dans l'obscurité pendant la période qui suit la lésion, la compensation ne se produit pas et le syndrome de déséquilibre persiste aussi longtemps que dure la privation de lumière. La substitution par la vision des afférences vestibulaires détruites est nécessaire à la réorganisation du réseau responsable du maintien de l'équilibre (voir P. Putkonen *et al.*, 1977).

dans l'acquisition de ces stratégies optimales est le rôle de l'activité propre du sujet. De nombreux modèles d'apprentissage suggèrent l'existence d'un mécanisme par lequel la commande motrice d'un mouvement est systématiquement comparée à l'exécution de ce mouvement, et ainsi progressivement ajustée jusqu'à ce que le mouvement obtienne l'effet désiré. Cette possibilité, qui n'existe que lors d'un mouvement produit activement par le sujet (et non lors d'une mobilisation passive), pouvait ainsi représenter un facteur capital du réapprentissage permettant de suppléer une fonction déficiente.

Henry Hécaen en conversation avec Brenda Milner lors d'une réunion organisée en 1982 à la Vieille-Charité de Marseille en son honneur (avec l'aimable autorisation d'A. Tzavaras).

De la neuropsychologie expérimentale aux neurosciences cognitives

L'étroite collaboration qui s'était établie entre nous pour la rédaction et la publication de ce livre avait représenté pour moi un premier test de la validité de la nouvelle synthèse. La neuropsychologie se devait d'être « expérimentale » et non plus seulement clinique ; tout en conservant sa relation privilégiée et unique avec l'homme atteint de lésion cérébrale (le sujet « cérébro-lésé », traduction plutôt malheureuse du terme anglais *brain-lesioned*), elle devait intégrer les données de multiples provenances, y compris de l'expérimentation animale. La neuropsychologie entrait dans le laboratoire avec pour conséquence le renouvellement de sa méthodologie. L'unité de recherche dont j'ai assuré la direction de 1978 à 1997 (l'unité 94 de l'Inserm) s'est d'abord intitulée Laboratoire de neuropsychologie expérimentale, fondée sur le principe d'un aller-retour systématique entre des recherches chez l'animal et chez l'homme, chez le patient et chez le sujet sain. Ce modèle d'organisation de la recherche préfigurait en quelque sorte, comme on le verra plus loin, le mode de fonctionnement des actuelles neurosciences cognitives.

C'est donc lors des réunions de l'INS, auxquelles Hécaen m'avait convié dès les débuts de notre relation, que j'avais rencontré Hans Lukas (Luke) Teuber. D'origine européenne, polyglotte et francophile, Luke Teuber avait été fortement influencé par la pensée de Karl Lashley, dont il avait fréquenté le laboratoire à Harvard. Il s'était ensuite orienté vers l'étude des troubles de la perception visuelle chez des patients porteurs de lésions cérébrales, principalement des blessés de guerre. En reprenant une succession difficile au

MIT (la psychologie dépendait alors du département des sciences économiques), il avait rapidement imposé sa vision personnelle de la psychologie. L'originalité du nouveau département était en effet fondée sur l'idée que seul l'ancrage dans la science fondamentale (anatomie, physiologie cellulaire, psychophysique) pouvait permettre de repenser l'étude de la perception, de l'apprentissage, du développement cognitif et du langage. La recette de Teuber consistait à faire voisiner dans le même bâtiment des équipes de chercheurs de haut niveau, anatomistes et physiologistes, psychologues travaillant chez l'homme et psychologues travaillant chez l'animal, linguistes et spécialistes de la psychophysique. Lui-même mettait en pratique un concept très personnel de pluridisciplinarité « dans la même tête » (la sienne), qui lui permettait d'établir les communications au sein du groupe et de donner une cohérence à l'ensemble. Les nouveaux membres qu'il avait recrutés dès son arrivée, le neuroanatomiste Walle J. Nauta, le physiologiste Emilio Bizzi, le psychologue Richard Held, témoignaient de cette nouvelle orientation. Lorsque Luke disparut un beau jour de 1977, emporté par une vague alors qu'il se baignait sur une plage des îles Vierges, ce sont Held, puis Bizzi qui ont assuré sa succession à la tête du département. À Lyon, son souvenir est resté particulièrement vivace : en 1975, il avait accepté le titre de docteur *honoris causa* de notre université. À cette occasion, avec François Vital-Durand, nous avions organisé un colloque international sur la plasticité nerveuse dans la vieille cité de Pérouges. Le problème de la plasticité y avait été décliné en quatre sessions : la plasticité au cours du développement, le réflexe vestibulo-oculaire, l'adaptation visuo-motrice, la récupération après lésion du système nerveux[8].

---

8. F. Vital-Durand et M. Jeannerod, 1975.

Le laboratoire du MIT était devenu en quelques années un pôle d'attraction pour tous ceux qui s'intéressaient aux bases cérébrales de la cognition et du comportement. Sur l'invitation de Luke, j'y avais séjourné pendant quelques semaines à la fin de l'année 1973. Tout était nouveau pour moi, la profusion des idées nouvelles, la facilité des contacts, les rencontres avec les nombreux visiteurs de passage. Mon point de rattachement était le groupe de Richard (Dick) Held, avec qui nous avions réalisé sur nous-mêmes, pendant mon séjour, quelques expériences d'adaptation sensori-motrice. Un après-midi, j'avais assisté à une discussion homérique entre Dick Held et J. J. Gibson, qui passait par là. Gibson, une des figures dominantes de la psychologie à l'époque, défendait l'idée que l'action du sujet dans le monde visuel était guidée par le flux d'information provoqué par le comportement même du sujet. Celui-ci, en se déplaçant, modifiait cette information, ce qui lui fournissait en permanence des indices pour diriger ses propres mouvements : c'était la théorie « écologique » de la coordination entre vision et action, selon laquelle le sujet « collait » à son environnement, l'action dirigée vers un but visuel n'étant en définitive qu'une des formes de la perception. Dick Held soutenait au contraire que l'action était guidée par une représentation interne du but à atteindre, qui restait en mémoire jusqu'à ce qu'il soit effectivement atteint. Cette représentation était modifiable (plastique), ce qui permettait d'expliquer l'adaptation des mouvements aux conditions changeantes de ce qu'on appelait alors la coordination œil/main, la coordination entre l'espace vu par l'œil et l'espace vécu par le corps. La coordination œil/main, on le conçoit facilement, doit évoluer au cours de la vie (les bras grandissent) et s'adapter en permanence aux interactions avec l'environnement. En somme, là où Gibson voyait des réactions à des modifications du flux sensoriel, Held imaginait une anticipation des conséquences de l'action.

Cette vision d'un comportement guidé de manière proactive et pas seulement rétroactive est illustrée par une expérience phare qui a contribué à la réputation du laboratoire du MIT. Il s'agissait de comprendre comment se développent, chez un jeune animal, les capacités visuo-motrices, celles qui permettent d'interagir avec précision avec les objets du monde extérieur. Dick Held et Alan Hein avaient eu l'idée d'élever des chatons par paires. Les animaux restaient dans l'obscurité la plupart du temps mais, lorsqu'ils étaient exposés à la lumière quelques heures par jour, ils étaient placés dans une sorte de manège : un des deux chatons était placé dans une nacelle assez petite pour qu'il ne puisse ni bouger ni voir ses pattes ; l'autre chaton était libre de ses mouvements mais relié à un harnais qui transmettait tous ses déplacements à la nacelle du chaton immobile. Ainsi, un des deux chatons pouvait explorer le monde de manière active et libre, tandis que l'autre, tout en recevant la même quantité d'information visuelle, subissait cette information de manière passive. Au bout de quelques semaines de ce traitement, des tests étaient pratiqués, qui montraient que le chaton actif de chaque paire présentait un comportement visuo-moteur normal, alors que les chatons passifs étaient lourdement handicapés : ils ne parvenaient pas à éviter les obstacles, ni à attraper les morceaux de nourriture qu'on leur présentait. Cette expérience démontrait de façon spectaculaire le rôle indispensable de l'action autoproduite dans la mise en place des capacités visuo-motrices[9]. C'est aussi le cas pour ce qui

---

9. R. Held et A. Hein, 1963.

concerne l'acquisition de nouveaux apprentissages à l'âge adulte, comme Held avait pu le démontrer dans une autre brillante expérience chez des sujets humains. Deux sujets portaient des lunettes équipées de prismes qui dévient l'axe de vision d'un côté (vers la droite) : lorsqu'ils devaient saisir un objet, leur main partait trop à droite par rapport à la position réelle de l'objet. Un apprentissage de quelques minutes leur permettait de s'adapter à cette situation et de modifier (temporairement) leur coordination œil/main. Dans l'expérience de Held, un des sujets, porteur de lunettes à prisme, était assis immobile dans un fauteuil roulant, tandis que l'autre poussait le fauteuil dans les couloirs du laboratoire. Au bout de quelques dizaines de minutes de cette promenade à deux, le sujet actif avait entièrement réarrangé sa coordination œil/main et saisissait les objets sans difficulté, tandis que le sujet passif continuait à dévier sa main trop à droite[10].

La décharge corollaire selon Teuber

L'interprétation donnée par Teuber à ces expériences était fondée sur le concept de « décharge corollaire », qu'il propageait avec ardeur lors de chacune de ses interventions. La description de ce concept m'oblige à faire un nouveau détour historique. Le terme de décharge corollaire avait été forgé en 1950 par Roger Sperry pour rendre compte d'un curieux phénomène qu'il avait observé lors d'une expérience sur des batraciens et des poissons. Intéressé par

---

10. R. Held, 1965.

la plasticité neuronale, Sperry sectionnait un des nerfs optiques chez ces animaux et étudiait les effets de la repousse des fibres de ce nerf en provenance de la rétine et à destination des centres visuels. Comment les fibres allaient-elles retrouver leur port d'attache ? Pour répondre à cette question, il étudiait le comportement visuo-moteur : si l'animal se déplaçait dans la bonne direction à la poursuite d'un objet mobile, c'était que la carte de l'espace visuel dans les centres nerveux correspondait à la carte de l'espace visuel sur la rétine, et donc que les fibres, en repoussant, avaient réoccupé leurs sites d'origine. Pour compliquer la situation, Sperry avait imaginé de modifier, après la section du nerf optique, la correspondance entre les deux espaces en faisant subir à l'œil de l'animal une rotation de 180° autour de son axe optique : les fibres, en repoussant, allaient-elles tenir compte de cette nouvelle donne, celles venant de la partie droite de la carte réti-nienne allant vers la partie gauche de la carte des centres nerveux, et inversement ? Ou bien allaient-elles retrouver leurs sites d'origine, au détriment du comportement visuo-moteur ? C'est la seconde possibilité qui avait prévalu : l'animal se dirigeait vers la gauche lorsqu'on lui présentait un objet se déplaçant vers la droite. Sperry avait été intri-gué par le comportement spontané de ces animaux : lorsqu'ils étaient placés dans un environnement éclairé, ils se mettaient immédiatement à tourner en rond ; ce com-portement de rotation forcée cessait dès qu'ils étaient de nouveau dans l'obscurité. L'explication donnée par Sperry à ce phénomène était la suivante : chez l'animal normal, lors d'un mouvement de l'œil, l'environnement visuel défile sur la rétine, mais ce défilement « parasite » n'est norma-lement pas pris en compte par les centres visuels, de telle sorte que l'animal ne le confond pas avec un déplacement réel des objets du monde extérieur. La compensation des effets du mouvement sur le signal rétinien serait due, d'après Sperry, à une décharge nerveuse provenant du centre oculomoteur, synchrone du mouvement de l'œil. Sperry était très explicite sur ce point, lorsqu'il affirmait que « toute décharge excitatrice qui a normalement pour résultat un mouvement qui va causer un déplacement de l'image visuelle sur la rétine doit s'accompagner d'une décharge *corollaire* dans les centres visuels pour compenser le déplacement rétinien ». Il s'agissait d'après lui d'une décharge qui permettait un ajustement anticipatoire de l'activité des centres visuels, tenant compte de la direction et de la vitesse de chaque mouvement de l'œil. Chez l'animal dont l'œil a subi une rotation, la décharge corollaire ne compensait évidemment plus le défilement, elle l'aggravait : l'animal le percevait au contraire comme un déplacement des objets visuels, et se mettait à leur poursuite.

La décharge corollaire de Sperry faisait écho à une tradition déjà ancienne en physiologie, qui remontait en fait à Hermann von Helmholtz au milieu du XIXe siècle. J'avais moi-même été fortement intéressé par ces notions et avais lu tout ce que j'avais pu trouver sur le sujet, jusqu'aux articles de Sperry et à sa théorie de la stabilisation du monde visuel pendant les mouvements des yeux. Cet intérêt provenait de ce que j'étais tombé, au cours de mon travail de thèse sur les mouvements des yeux pendant le sommeil paradoxal, sur un phénomène qui semblait relever de cette même explication. J'avais en effet passé beaucoup de temps à enregistrer, chez des chats porteurs d'électrodes implantées à demeure, des ondes en forme de pointes survenant pendant le décours de ces phases de sommeil, dans un relais du système visuel, le noyau géniculé latéral. Ces pointes, que nous avions appelées ponto-géniculo-occipitales (PGO) puisqu'elles étaient également enregistrées dans la formation réticulée du tronc cérébral et le cortex occipital, étaient en étroite relation avec les mouvements des yeux caractéristiques du sommeil paradoxal. Il semblait donc s'agir d'une décharge se propageant vers le système visuel à partir des zones motrices responsables des mouvements des yeux situées dans la région du tronc cérébral. La vision elle-même n'était pas en cause puisque les pointes PGO persistaient de manière inchangée lorsque l'animal était dans l'obscurité complète. Je dois avouer que, près de cinquante ans après sa découverte (en 1962), la lumière n'est toujours pas faite sur la nature précise de cette activité PGO. Toujours est-il qu'elle représentait un phénomène purement endogène, étranger aux influences venues de l'extérieur, et traduisant une propagation de l'information depuis le domaine moteur vers le domaine sensoriel, c'est-à-dire dans la direction opposée à la direction sensori-motrice « classique », en somme, un phénomène correspondant de près à la notion de décharge corollaire de Sperry. Par la suite, avec le Finlandais Pekka Putkonen et le Japonais Kazuya Sakai, nous avions prolongé ce travail en enregistrant, dans les mêmes régions du système visuel, des pointes semblables aux pointes PGO du sommeil, mais survenant en rapport avec les mouvements des yeux pendant l'état de veille[11]. Cette fois, l'activité de pointes prenait tout son sens : elle intervenait dans le processus de la perception visuelle et pouvait donc bien représenter une base physiologique du mécanisme de stabilisation visuelle lors des mouvements des yeux.

Lorsque j'avais entendu pour la première fois Teuber parler de la décharge corollaire, je n'avais pu que constater

---

11. M. Jeannerod et K. Sakai, 1970 ; M. Jeannerod et P. Putkonen, 1971.

Hans Lukas Teuber à Lyon, le jour de sa réception au grade de docteur *honoris causa* de l'université Claude-Bernard, en avril 1975.

le fossé qui séparait sa conception de celle de Sperry (et donc de la mienne) : Teuber ne faisait pas référence au problème de la stabilisation visuelle, ni aux mouvements des yeux, il s'intéressait au problème général que soulevait le principe même d'une activité nerveuse d'origine centrale en rapport avec les mouvements volontaires[12]. Pour lui, la présence ou l'absence d'une décharge corollaire déterminait si un mouvement était volontaire ou non ; la décharge corollaire servait de critère physiologique des mouvements autoproduits par opposition aux mouvements provoqués par des causes extérieures. En l'écoutant, je comprenais la motivation des expériences de Held qui mettaient en avant le

---

12. Voir H. L. Teuber, 1966.

mouvement autoproduit comme source d'apprentissage et d'adaptation. Surtout, j'adhérais pleinement à ce que Teuber lui-même appelait un virage à 180° de la perspective sur le rôle du sujet dans sa propre ontogenèse : ce n'était plus le monde extérieur qui guidait le comportement, c'était le sujet qui imposait sa vision des choses. Au-delà du domaine sensori-moteur, la décharge corollaire, version Teuber, ouvrait aux neurosciences cognitives un immense domaine, celui de « représentations » (du monde extérieur, de soi-même, des autres) construites de l'intérieur, et accessibles à l'observation scientifique. Le nouveau modèle postulait que le cerveau s'auto-informe, se régule et se contrôle en s'envoyant des messages à lui-même, en quelque sorte. Il n'attend pas de recevoir des instructions d'instances supérieures ou extérieures, mais émet des actions dont il anticipe le résultat et vérifie si ce résultat a été atteint. La vision de Teuber rejoignait le concept de représentation tel qu'il était mis en avant par la psychologie cognitive naissante comme base du fonctionnement de l'esprit. Depuis, le concept de décharge corollaire, transformé et adapté, est devenu un concept central en neurosciences cognitives. Sous la forme de la « copie d'efférence », une formulation utilisée par Erich von Holst dans un article contemporain de celui de Sperry, il fait partie du mécanisme physiologique qui permet au sujet de prendre conscience de ses propres actions et, au-delà, de lui-même. Nous le retrouverons à plusieurs reprises tout au long de mon parcours.

CHAPITRE 3

Façons de voir

Dans le courant des années 1960, le monde de la neuro-physiologie avait le regard tourné vers les mécanismes de la vision. David Hubel et Torsten Wiesel, à l'Université Harvard, venaient de découvrir les propriétés des neurones du cortex visuel : ils avaient montré que ces neurones codaient l'orientation des contours, et pouvaient donc constituer la première étape du traitement de la forme des objets. Ils avaient également montré que ces propriétés étaient largement innées, car présentes chez le chaton nouveau-né avant l'ouverture des yeux. Ces découvertes leur avaient valu le prix Nobel de physiologie qu'ils avaient partagé avec Roger Sperry en 1981.

Vision corticale et vision sous-corticale

Le système visuel des mammifères est constitué en réalité de plusieurs sous-systèmes parallèles, le système qui assure la perception des formes n'étant que l'un d'entre eux. Au début du XXe siècle déjà, l'anatomiste Santiago Ramon y Cajal distinguait le rôle du cortex visuel, qu'il considérait comme responsable de la vision consciente, de celui du colliculus supérieur, le tubercule quadrijumeau antérieur des anciens traités d'anatomie en langue française. Il faisait de ce dernier une région visuo-motrice responsable du réflexe pupillaire et de la réaction d'orientation. Cette question de la pluralité des mécanismes visuels avait été reprise à l'occasion d'un colloque organisé par David Ingle au début des années 1960 à l'Université Brandeis. Gerald Schneider, membre, comme on l'a vu, du laboratoire du MIT, y avait présenté des expériences réalisées chez un petit rongeur, le hamster doré, qui démontraient l'existence d'un partage du travail entre deux voies visuelles principales, confirmant ainsi l'intuition de Cajal : une voie corticale spécialisée dans l'identification et la reconnaissance des formes et des objets, l'autre, sous-corticale et spécialisée dans la localisation de ces objets dans l'espace. Selon Schneider, on pouvait ainsi identifier deux systèmes visuels aux fonctions complémentaires, le système cortical répondant à la question « quoi ? » posée par l'environnement, et le système sous-cortical répondant à la question « où ? ». Pour autant, pouvait-on extrapoler cette notion chez des animaux possédant, comme les primates, un développement plus important du cortex cérébral, au détriment des mécanismes sous-corticaux ? Une expérience contemporaine de celle de Schneider chez le hamster avait été entreprise au département de psychologie de l'Université de Cambridge chez un singe, devenu fameux sous le nom d'Helen. Cette femelle opérée par Nick Humphrey et Larry Weiskrantz en 1967 avait subi l'ablation complète du cortex occipital, la partie du cortex qui contient l'aire visuelle primaire. Au cours de l'observation de son comportement, qui s'était étalée sur plusieurs années, on avait pu constater qu'elle avait conservé, comme les hamsters de Schneider, des capacités visuo-motrices intactes : elle pouvait sans difficulté se diriger parmi les obstacles à l'intérieur de sa cage, attraper des objets au vol. En revanche, elle était devenue incapable d'identifier ces objets et se saisissait indistinctement d'un morceau de papier ou d'une cacahuète !

L'idée avait évidemment germé dans l'esprit de Weiskrantz de répéter chez des malades humains l'observation réalisée chez le singe Helen. Il n'est pas rare en effet d'observer en clinique des lésions affectant le lobe occipital à la suite d'un accident vasculaire cérébral ou d'une intervention chirurgicale. Chez l'homme, cependant, ce genre de lésion semble entraîner une perte complète de la vision consciente dans la partie correspondante du champ visuel : le patient déclare simplement qu'il ne voit rien. Weiskrantz avait alors tenté de contourner cette difficulté en examinant un patient (le malade DB, qui avait subi l'ablation chirurgicale de son cortex visuel d'un côté) dans les mêmes conditions que le singe Helen : au singe on ne demande pas ce qu'il éprouve, ni s'il voit ou non ; sa tâche consiste seulement à pointer la main dans la direction du signal lumineux chaque fois qu'il apparaît. En forçant le malade à répondre de la même façon et à diriger son regard en direction du signal lumineux sans se soucier de savoir s'il le voyait ou non, Weiskrantz avait eu la surprise de constater que les mouvements des yeux du malade étaient correctement dirigés, y compris vers des stimuli apparaissant dans la partie « aveugle » de son champ visuel. Cette observation révélait l'existence d'une « vision aveugle » (*blindsight*, selon l'heureuse expression créée pour l'occasion par Weiskrantz en 1974), limitée aux aspects inconscients, c'est-à-dire moteurs, de la vision : le malade restait incapable d'identifier les caractéristiques (taille, forme, couleur) des objets qu'on lui présentait et que pourtant il localisait correctement lorsqu'il était mis dans la situation de choix forcé.

L'idée d'une fonction visuelle composée d'éléments dissociables les uns des autres était bien dans l'air du temps. Avec M. T. Perenin nous avions aussi commencé à examiner plusieurs patients porteurs d'une lésion du lobe occipital d'un côté et nous avions observé qu'ils étaient capables de diriger la main vers des cibles visuelles de forte intensité lumineuse présentées dans leur hémichamp visuel aveugle. Nous avions interprété ce phénomène comme résultant d'une vision « résiduelle » d'origine sous-corticale. J'avais parlé de ces résultats à Hécaen, lequel avait eu vent du travail de Weiskrantz et m'avait conseillé de publier rapidement nos observations. Notre article, soumis à *Neuropsychologia* dans le courant de 1974, était paru en janvier 1975, deux mois après celui de nos collègues anglais ; deux mois qui comptaient pour une année, vu la différence de date[1] !

La découverte du *blindsight* et de son équivalent chez le singe posait un sérieux problème aux anatomistes. Par où passait l'information qui permettait une localisation aussi précise des signaux visuels en l'absence de vision consciente ? S'agissait-il bien, comme chez le hamster, d'une vision sous-corticale capable de contrôler le comportement d'orientation, en particulier les mouvements des yeux, dans la direction d'un stimulus ? J'avais écrit début 1974 un article de synthèse pour la revue *La Recherche*[2],

---

1. L. Weiskrantz *et al.*, 1974 ; M. T. Perenin et M. Jeannerod, 1975.
2. M. Jeannerod, 1974.

dans lequel j'adhérais à cette idée en me fondant sur les résultats obtenus chez le singe Helen. Mon hypothèse était que, dans le comportement normal, les deux modalités intervenaient l'une après l'autre : la vision sous-corticale assurait la détection d'un stimulus apparaissant dans le champ visuel périphérique et orientait le regard dans sa direction, tandis que le système cortical analysait le stimulus de manière détaillée pendant la fixation du regard. Cette hypothèse tenait compte de la répartition anatomique des fibres issues de la rétine, celles qui provenaient de la rétine périphérique se dirigeant (au moins en partie) vers le colliculus supérieur, et celles qui provenaient de la fovéa se dirigeant vers le cortex. C'était en somme le regard qui assurait la synergie des deux systèmes et permettait de passer d'une modalité de vision à l'autre. Cette hypothèse, dans un premier temps, avait été confortée par l'observation de certains de nos patients qui présentaient le phénomène de *blindsight* dans la partie aveugle de leur champ visuel après une hémisphérectomie totale : cette opération qui consiste à enlever la totalité du cortex cérébral d'un hémisphère malade ne laisse en principe pas d'autre possibilité que la région sous-corticale pour produire des réponses visuo-motrices[3]. Par la suite, cependant, comme on va le voir, l'hypothèse sous-corticale devait être remise en cause par des travaux, y compris ceux de notre laboratoire, qui ont au contraire démontré que les deux modalités dépendaient l'une et l'autre de régions différentes du cortex visuel.

---

3. M. T. Perenin et M. Jeannerod, 1978.

Le mystérieux lobe pariétal

C'est la clinique neurologique qui s'est trouvée à l'origine de ce changement de perspective. L'observation de patients m'offrait en effet de nombreux exemples de troubles de la vision à la suite de lésions ayant épargné le cortex occipital. J'avais été particulièrement frappé par l'observation d'un patient porteur d'une lésion bilatérale de ses lobes pariétaux, découvert par François Michel qui avait entrepris d'analyser son déficit de manière détaillée[4]. Ce patient présentait avant tout un défaut de l'attention pour les stimuli qui apparaissaient dans les parties périphériques de son champ visuel : il semblait rester indifférent à la scène visuelle, à la manière d'un aveugle. Toutefois, lorsqu'on parvenait à attirer son attention sur un objet, il le reconnaissait et le nommait. C'est alors qu'il rencontrait un autre problème : lorsqu'on lui demandait de le saisir, il déplaçait sa main en tâtonnant dans toutes les directions sans parvenir à l'atteindre.

Il ne s'agissait pas d'un trouble moteur, puisque le malade réalisait correctement des mouvements dirigés vers son propre corps : il pouvait porter une cuillère à sa bouche, alors même qu'il était incapable de s'en servir pour prendre la nourriture dans l'assiette placée devant lui ; de même, il pouvait fumer une cigarette jusqu'au bout, à condition toutefois de ne pas la poser car il était alors incapable de la retrouver. L'ensemble constituait un tableau clinique assez rare, le syndrome de Balint, dont il n'existait à l'époque qu'une dizaine de cas publiés dans la littérature neurologique. François m'avait demandé de compléter ses

---

4. F. Michel *et al.*, 1965.

Avec François Michel. Cette photo symbolise le rôle essentiel joué par l'alliance de la recherche clinique et de la recherche de laboratoire dans le domaine des neurosciences.

examens par un enregistrement des mouvements oculaires, technique que j'avais acquise au cours de mon travail de thèse sur le sommeil paradoxal. Nous avions constaté que le regard du patient errait, comme sa main, d'un point à l'autre de son champ visuel, sans parvenir à se fixer sur la cible. S'agissait-il d'une incapacité à s'orienter dans l'espace ? D'une perturbation de la coordination œil-main ? La réponse à ces questions m'a été donnée peu après, lors de l'observation d'autres patients présentant des lésions pariétales moins étendues et surtout limitées à un seul côté : dans de tels cas, la désorientation spatiale est minime tandis que le trouble visuo-moteur est au premier plan : lorsqu'il doit atteindre un objet situé dans la moitié du champ visuel opposée au côté lésé, le patient commet des erreurs de direction et se révèle incapable de l'atteindre. Cet effet, qui n'affecte que le bras du côté opposé à la lésion, ne relève donc pas d'un problème d'orientation dans l'espace. Pierre Rondot, à Paris, avait observé des cas semblables et avait désigné ce symptôme visuo-moteur du nom d'« ataxie optique », reprenant un terme que Balint avait d'ailleurs lui-même utilisé dans la description de son malade en 1909. Le lobe pariétal possédait donc bien une fonction visuelle, mais de nature différente de celle du lobe occipital : il semblait intervenir à la fois dans la perception des relations spatiales entre les objets et dans la localisation des objets par rapport au corps, deux opérations qui sont nécessaires pour pouvoir diriger le regard et la main dans l'espace de préhension.

À la même époque, la notion de fonction visuo-motrice du lobe pariétal faisait son entrée sur la scène expérimentale, à la faveur d'un article publié en 1975 par Vernon Mountcastle et son équipe[5]. Je ne connaissais alors Mountcastle que de réputation : celle d'une des principales figures de la neurophysiologie, célèbre pour ses travaux sur le codage de l'information tactile par le cortex somesthésique. C'est lui qui avait découvert l'organisation de cette région du cortex en « colonnes » juxtaposées contenant des neurones possédant la même spécialisation et donnant le même type de réponse à un stimulus tactile. Le concept de colonne avait par la suite été confirmé et exploité par Hubel et Wiesel dans leur travail sur le cortex visuel, où ils avaient constaté l'existence de colonnes de neurones codant la même orientation d'un contour (colonnes d'orientation), ou répondant à la stimulation du même œil (colonnes de dominance oculaire). Je savais aussi que c'était un homme plutôt dur et exigeant dans le travail, cassant dans les discussions. En réalité, lorsque je l'ai finalement rencontré dans les

---

5. V. Mountcastle *et al.*, 1975.

années 1990, j'ai certes été impressionné par son allure aristocratique d'officier de cavalerie (c'est, paraît-il, un excellent cavalier), mais surtout frappé par sa gentillesse et son attention pour mes propres travaux.

Après ses travaux sur le cortex somesthésique, Mountcastle s'était intéressé à l'autre partie du lobe pariétal, celle située plus en arrière : soupçonnant l'implication de cette région du cortex dans des fonctions plus complexes que le codage sensoriel, il avait utilisé pour ses expériences des singes éveillés, chez qui on enregistrait l'activité de neurones isolés avec la même précision que chez un animal anesthésié, mais qu'on pouvait entraîner à donner des réponses motrices aux stimuli qu'on leur présentait. Il avait ainsi constaté l'existence de réponses d'un type particulier aux stimulations visuelles : les neurones ne répondaient que si l'animal regardait dans la direction du stimulus ou y dirigeait sa main. Il en avait logiquement conclu que cette partie du lobe pariétal était une région où s'élaborait la commande des mouvements dirigés vers les objets du monde visuel.

Pour nous, l'article de Mountcastle arrivait au bon moment : nos résultats montraient clairement que les patients présentant une ataxie optique à la suite d'une lésion pariétale, tout en ayant conservé une vision et une motricité apparemment normales, avaient perdu de manière sélective la possibilité de coordonner la direction de leurs mouvements avec la position des objets dans l'espace visuel proche. Ce travail constituait en somme le chaînon manquant qui donnait au lobe pariétal une fonction proprement visuo-motrice. Nous avions aussitôt entrepris d'ajouter le dernier élément à la démonstration, en pratiquant chez le singe des lésions expérimentales de la région où Mountcastle avait enregistré ses neurones. Les résultats de ces expériences avaient été concluants : les lésions de cette région provoquaient chez l'animal l'apparition d'une ataxie optique typique, semblable à celle observée chez les patients[6].

Voie ventrale et voie dorsale

Chez le primate, à la différence d'un rongeur comme le hamster, l'orientation dans l'espace et la coordination visuo-motrice se trouvaient donc sous la dépendance d'une région du cortex cérébral, le cortex pariétal. Cette donnée nouvelle rejoignait en partie le travail d'une autre équipe américaine, celle de Mortimer Mishkin, qui participait assidûment lui aussi aux sessions annuelles de l'INS où je l'avais rencontré à plusieurs reprises. Au terme d'une étude minutieuse des connexions du cortex visuel chez le singe, Mishkin avait montré que le cortex visuel primaire, qu'avaient étudié Hubel et Wiesel, n'était que le début d'un vaste réseau de traitement de l'information visuelle qui occupait près du tiers de l'ensemble du cortex cérébral. L'information qui parvenait au cortex visuel primaire se répandait ensuite dans deux directions : d'une part, vers la partie inférieure du lobe temporal, et, d'autre part, vers la partie postérieure du lobe pariétal. En pratiquant des lésions en divers points de ce réseau, Mishkin avait réussi à identifier les fonctions de ces deux voies cortico-corticales. Un singe privé de son cortex temporal inférieur des deux côtés devenait incapable de discriminer des

---

6. S. Faugier-Grimaud *et al.*, 1978.

objets différant par leur forme ou leur couleur, ou de distinguer un objet nouveau d'un objet qu'il avait déjà vu. Quant au singe privé de son cortex pariétal, il ne parvenait pas à utiliser un repère spatial pour trouver un morceau de nourriture dissimulé sous l'un ou l'autre de deux objets. Ces déficits étaient propres à chaque zone lésée, en ce sens que la lésion temporale laissait intacte la capacité de discrimination spatiale, alors qu'à l'inverse la lésion pariétale laissait intacte la capacité de discrimination de la forme des objets. Ces résultats remplissaient le critère de la fameuse double dissociation dont j'ai parlé dans un chapitre précédent, et qui constitue, on le sait, un test décisif de la spécialisation fonctionnelle d'une région du cortex. Le travail de Mishkin s'était conclu par un article célèbre cosigné avec Leslie Ungerleider et paru en 1982 dans le compte rendu d'un autre colloque tenu en 1979 à l'Université Brandeis[7]. Je reviendrai sur ce colloque auquel j'ai assisté et qui a constitué une étape importante pour la suite de mes travaux. L'article d'Ungerleider et Mishkin confirmait l'existence de deux voies anatomiquement et fonctionnellement distinctes prenant l'une et l'autre leur origine dans le cortex visuel primaire : la voie occipito-temporale, dite voie ventrale, qu'ils définissaient comme le « canal objet », et la voie occipito-pariétale, dite voie dorsale qui représentait le « canal espace ». Ainsi se trouvaient transposés au niveau cortical les deux systèmes « quoi ? » et « où ? » que Schneider attribuait respectivement à la voie corticale et à la voie sous-corticale. La clarification apportée par Mishkin à l'organisation anatomique des deux systèmes visuels était indéniable : toutefois, l'interprétation de la fonction respective des

---

7. L. Ungerleider et M. Mishkin, 1982.

deux voies qu'il avait décrites allait donner lieu à une controverse qui dure encore.

Le malentendu était déjà perceptible dans l'interprétation du phénomène de *blindsight*. Les patients qui le présentaient étaient porteurs d'une lésion de leur cortex visuel primaire : cette lésion interrompait à son origine la voie ventrale, ce qui abolissait toute possibilité d'identification du stimulus. Quant à la vision résiduelle de ces patients, limitée, comme on l'a vu, à des réponses visuo-motrices automatiques, elle pouvait s'expliquer, soit par l'existence de la voie sous-corticale proprement dite, comme je l'avais pensé un moment, soit par l'existence d'une voie dérivée passant par des relais sous-corticaux mais rejoignant ensuite le cortex pariétal épargné par la lésion. Cette explication donnait à la voie dorsale une fonction bien différente de celle que lui assignait la thèse de Mishkin. Curieusement, ce dernier s'en était tenu dans ses expériences aux performances perceptives de ses singes porteurs de lésions, mais n'avait pas exploré leur comportement visuo-moteur. Peut-être était-il resté attaché à l'idée longtemps dominante qui faisait du cortex cérébral le siège d'activités conscientes, tandis que les fonctions motrices automatiques étaient déléguées au système sous-cortical. Toujours est-il que, pour lui, la voie dorsale remplissait un rôle perceptif, celui de la perception des relations spatiales entre les objets, de la même façon que la voie ventrale était responsable de la perception des formes.

Cette vision de Mishkin était en partie corroborée par des observations cliniques de patients porteurs de lésions de la partie la plus postérieure du lobe pariétal. Principalement lorsque la lésion siège du côté droit, comme y avaient insisté Hécaen et ses collaborateurs dans les années 1950, ces patients présentent le classique tableau de la désorien-

tation visuo-spatiale : ils deviennent incapables de déterminer verbalement la position relative de deux objets et ne
peuvent plus s'orienter dans les lieux qu'ils connaissent.
Ces déficits posent le problème théorique de la « perception de l'espace ». L'espace, en effet, n'est pas une entité
physique qui pourrait exister en tant que telle, ce n'est
qu'une formalisation des relations entre des objets. Nous
ne pouvons avoir d'intuition de la distance sans qu'il y ait
des objets entre lesquels la distance puisse être mesurée, ni
de la direction sans qu'il y ait une origine à partir de
laquelle puisse être construit un système d'axes de coordonnées, un référentiel. Poincaré allait même plus loin :
pour lui, c'est par rapport à notre corps que nous situerions
les objets extérieurs. Les seules relations spatiales de ces
objets que nous puissions nous représenter seraient leurs
relations avec notre corps. C'est notre corps qui nous ser-
virait, pour ainsi dire, de système d'axes de coordonnées.
L'espace n'existerait donc que dans l'acte perceptif, moteur
ou cognitif qui le fonde : ce serait une construction de
l'organisme qui le perçoit ou l'utilise. Cette conception de
l'espace a une conséquence directe pour la recherche des
structures cérébrales impliquées : c'est qu'il serait vain de
rechercher une « carte » cérébrale unique qui pourrait
représenter l'espace et dont la lésion produirait en quelque
sorte une désorientation spatiale généralisée, une atteinte
d'un hypothétique « sens de l'espace ». Au contraire, il
devait exister des espaces spécialisés pour chaque opération et des mécanismes spécifiques pour le comportement
au sein de chacun de ces espaces spécialisés : un mécanisme de codage à partir du corps pris comme référence
(une référence « égocentrique ») pour l'espace de préhension et de locomotion, un autre à partir d'une référence
située à l'extérieur du corps (« allocentrique ») pour coder

les relations entre les objets. Ces mécanismes semblent par ailleurs pouvoir être dissociés les uns des autres par la pathologie. Ces distinctions n'étaient pas prises en considération par les travaux de Mishkin qui, de ce fait, ne concernaient qu'une partie limitée de la fonction de la voie dorsale.

Perception et action, ou espace et objet ?

La description de la fonction de la voie dorsale et des effets des lésions pariétales se référant seulement à la perception de l'espace était donc incomplète. La parution de l'article d'Ungerleider et Mishkin avait créé une situation curieuse où deux conceptions voisinaient de manière pacifique : d'une part, l'ensemble de la communauté acceptait l'idée de deux systèmes visuels localisés dans le cortex et spécialisés respectivement dans la perception des objets et la perception des relations spatiales ; et d'autre part, un ensemble plus restreint de chercheurs, ceux qui travaillaient dans le sillage de Mountcastle et ceux, dont nous étions, qui s'intéressaient à l'ataxie optique, considéraient le lobe pariétal comme un organe visuo-moteur. La situation est devenue plus conflictuelle autour de 1990, à la suite d'observations réalisées par Melwyn (Mel) Goodale. Après avoir travaillé sur le comportement visuo-moteur chez des rongeurs, Mel s'était intéressé aux expériences sur la coordination œil-main que nous menions dans notre laboratoire. Pendant un séjour de quelques mois à Lyon, il avait participé à une de ces expériences où le sujet, sans voir sa main, pointait vers des cibles apparaissant sur un écran. Dans certains des essais, la cible changeait brusquement de position (un saut de plusieurs centimètres) au moment où le regard du sujet se déplaçait dans sa direction. Malgré ce changement de position, la main aboutissait avec précision sur la cible. Ce qui nous avait le plus frappé était le fait que le sujet ne remarquait pas le changement de position : pour lui, la cible restait immobile. Le mouvement automatique de pointage, qui tenait compte du déplacement de la cible, se trouvait donc dissocié de l'expérience subjective, qui ne le remarquait pas[8]. On trouvait déjà dans la littérature d'autres observations de ce type, en particulier celles de Bruce Bridgeman, qui montraient bien la différence entre voir pour « voir » et voir pour « faire ». Avec Goodale, nous avions fait le rapprochement entre cette dissociation chez le sujet sain et celle qui avait été mise en évidence chez les patients qui présentaient le phénomène de *blindsight*. Ce phénomène, bien que révélé par la pathologie, ne traduisait-il pas une situation courante à l'état normal ? Le fait qu'un sujet puisse répondre à un stimulus visuel dont il n'avait pas d'expérience consciente ne révélait-il pas un aspect fondamental du comportement ?

Il existe en réalité de nombreuses situations de la vie courante où cette dissociation entre exécution et prise de conscience est clairement mise en évidence : en conduisant une voiture, par exemple, on peut être amené à faire un brusque changement de direction face à un obstacle imprévu, et ne reconnaître la nature de l'obstacle qu'après l'avoir évité. Le système visuo-moteur réagit en premier et la conscience n'arrive que plus tard. Avec Umberto Castiello, nous avions reproduit une situation semblable en

---

8. D. Pélisson *et al.*, 1986.

laboratoire. Au moment où le sujet débutait un mouvement de la main vers un objet qu'il devait saisir, celui-ci se déplaçait brusquement : alors que le changement de direction du mouvement de la main à la poursuite de l'objet survenait en moins de 100 millisecondes, la prise de conscience de ce changement, matérialisée par un signal vocal donné par le sujet, ne survenait que 350 millisecondes plus tard[9]. Cette observation suggérait que le mécanisme de la correction motrice et celui de la prise de conscience étaient distincts et relevaient donc de structures nerveuses différentes. En d'autres termes, le même stimulus visuel, un objet en mouvement, était traité de façon différente selon qu'il s'agissait de lui donner une réponse automatique ou une réponse consciente. Alors que le traitement visuo-moteur était limité à la position spatiale de l'objet, le traitement perceptif supposait le décodage d'une multitude d'attributs (forme, couleur, texture, etc.) sans relation avec la réponse motrice, et qu'il n'était donc pas nécessaire de traiter dans une situation d'urgence. Cette expérience, tout en confirmant la distinction entre une vision consciente et une vision automatique, suggérait une explication plausible de la différence entre les deux modalités de traitement du stimulus : c'était le temps de traitement de l'information, plus long dans la voie ventrale que dans la voie dorsale, qui en était responsable. Dans l'expérience à laquelle Mel Goodale avait participé, les essais étaient de trop brève durée pour que le contenu subjectif puisse se manifester, si bien que le déplacement de la cible restait hors du champ de la conscience du sujet. Cette explication était compatible avec ce qui était connu de la physiologie respective des deux voies visuelles, en particulier avec le fait que la propagation de l'informa-

---

9. U. Castiello *et al.*, 1991.

tion est notoirement plus lente dans la voie ventrale que dans la voie dorsale, différence qui pouvait rendre compte de la spécificité fonctionnelle de chacune des deux modalités de vision.

Ce sont une fois de plus des observations cliniques qui allaient donner sa cohérence à l'ensemble de ces résultats : un ami de Mel Goodale, David Milner, travaillant au département de psychologie de l'Université de St. Andrews en Écosse, avait participé à l'examen d'une patiente qui présentait un tableau d'agnosie visuelle à la suite d'une intoxication oxycarbonée. Ce type de pathologie est connu pour détruire la partie ventrale des hémisphères cérébraux : de fait, la patiente, connue sous le nom de DF, souffrait d'une atteinte bilatérale de la partie inférieure de ses lobes temporaux, là où se situe la voie visuelle ventrale. À la suite de cette lésion, DF était devenue incapable d'identifier la forme d'objets, même les plus simples (un cube, un disque circulaire, un objet allongé), présentés à sa vue. La nouveauté introduite par Milner et Goodale dans l'examen de ce cas d'agnosie (une pathologie rare mais classique) avait consisté à demander à la patiente de saisir ces objets qu'elle ne reconnaissait pas : ils avaient alors constaté que ses mouvements de préhension s'adaptaient normalement à leur forme, à leur taille et à leur orientation[10].

Cette observation relançait donc le problème de la spécialisation des deux voies visuelles. Si la fonction de la voie ventrale, celle d'une vision consciente centrée sur la reconnaissance des attributs intrinsèques (forme, couleur, texture) des objets, ne prêtait pas à discussion, la fonction de la voie dorsale, en revanche, était sujette à controverse. La thèse « perceptive » envisagée par l'école de Mishkin se

---

10. M. Goodale *et al.*, 1991.

trouvait en compétition avec une thèse « visuo-motrice » qui donnait à la voie dorsale un rôle qui s'opposait point par point à celui de la voie ventrale : il s'agissait d'une vision non consciente centrée sur l'adéquation automatique du système moteur aux propriétés « géométriques » (taille, orientation) des objets, ce que Goodale et Milner qualifiaient de « vision pour l'action ». Cette forme de vision, épargnée chez la patiente DF, lui permettait de saisir correctement des objets qu'elle ne reconnaissait pas. À peu près à la même époque, nous avions pu observer avec François Michel une autre patiente (dénommée AT) atteinte, à la suite d'un accident vasculaire survenu pendant une grossesse, d'une lésion de la partie postérieure de ses lobes pariétaux des deux côtés[11]. À l'inverse de DF, AT présentait une forme classique d'ataxie optique : elle pouvait facilement identifier et nommer les objets qu'on lui montrait mais se révélait incapable de les saisir correctement en ajustant sa prise manuelle à la forme de ces objets. Aujourd'hui encore DF et AT, sans se connaître et sans doute bien involontairement, sont devenues célèbres dans la littérature neuropsychologique comme témoins de la dualité des fonctions visuelles.

La main pendant la saisie :
identification motrice des objets visuels

Pour comprendre tout l'intérêt de l'observation réalisée chez la patiente DF, il est nécessaire de faire à nouveau un retour en arrière, vers la fin des années 1970. À cette

---

11. M. Jeannerod *et al.*, 1994.

époque, ayant mis en place les principales équipes de recherche du Laboratoire de neuropsychologie expérimentale[12], j'avais éprouvé le besoin d'entreprendre un travail personnel. J'avais eu l'attention attirée par une réflexion de Charles Sherrington sur le rôle non seulement moteur mais également sensoriel de la main. Comme la rétine pour la vision, remarquait Sherrington, le système moteur possède une fovéa, une zone spécialisée pour l'analyse fine des objets. Il attribuait ce rôle à la main, amenée par les déplacements du bras au contact avec les objets, de la même manière que les déplacements du regard amènent la fovéa rétinienne en position de fixation. Un rapide examen de la littérature publiée m'avait révélé qu'il n'existait, de manière surprenante, aucune étude systématique des mouvements de la main et des doigts pendant le comportement d'approche des objets qui aurait pu étayer l'intuition de Sherrington. Attiré par ce domaine en apparence vierge, j'avais donc décidé de m'y atteler. J'avais fait l'acquisition, grâce à un crédit de mon université, d'une caméra Paillard capable de filmer à la vitesse de 50 images par seconde, et d'un projecteur Lafayette capable de projeter ces images une par une. Après avoir filmé les mouvements de préhension de quelques sujets, j'avais projeté les images du film sur de grandes feuilles de papier placardées sur un mur de mon bureau. En repérant des détails anatomiques de la main sur chacune de ces images, j'avais pu reconstituer la trajectoire du poignet (le mouvement de transport de la main), ainsi que la position de l'extrémité de l'index et du pouce (le mouvement de saisie proprement dit). Pour un mouvement de préhension d'une durée de 700 milli-secondes environ, je disposais de ces repérages sur une

---

12. Devenu, entre-temps, le laboratoire Vision et Motricité.

trentaine d'images successives. Grâce à de simples mesures sur la feuille de papier, j'avais calculé la vitesse et l'accélération du mouvement du poignet en direction de l'objet, ainsi que les changements de position de l'index et du pouce jusqu'au moment du contact avec l'objet.

La première chose qui m'avait frappé, c'était l'indépendance des mouvements des doigts par rapport à ceux du bras. Pendant le transport rapide de la main vers l'objet, les doigts se mettaient progressivement en place et adoptaient la posture adéquate pour assurer la saisie. Le déplacement du bras et le positionnement des doigts semblaient être contrôlés séparément par des mécanismes opérant de manière parallèle, tout en étant étroitement synchronisés, ce qui permettait au mouvement de transport de s'arrêter au moment précis où les doigts entraient en contact avec l'objet. Ces constatations étaient en parfait accord avec une découverte récente qui avait beaucoup marqué le petit monde du contrôle exercé par le cortex moteur sur les mouvements de la main. Hans Kuypers, chez le singe, était parvenu, en pratiquant des sections de la voie pyramidale d'un côté combinées à des sections du corps calleux, à créer une dissociation entre ce qui apparaissait comme deux mécanismes distincts : le singe était capable avec son bras du côté opposé à la section, d'amener sa main sur la position d'un objet ; mais si l'objet (un morceau de nourriture) était placé au fond d'un petit puits, il se révélait incapable de le saisir entre le pouce et l'index pour l'extraire du puits[13]. La conclusion de Kuypers était que les segments proximaux du bras, ceux qui assurent le mouvement de transport, sont sous la dépendance du cortex moteur des deux côtés, ce qui leur permet de résister à la section de la

---

13. J. Brinkman et H. Kuypers, 1973.

voie pyramidale d'un côté ; au contraire, les segments distaux, sous la dépendance exclusive du cortex moteur du côté opposé, sont déconnectés de tout contrôle après la section. Mes mesures cinématographiques me permettaient donc d'identifier les deux composantes, proximale et distale, de la préhension chez le sujet normal. J'avais présenté ces résultats au colloque de Brandeis au printemps 1979[14]. C'est là que j'avais rencontré Michael Arbib qui, de son côté, présentait un modèle de la préhension implémenté sur une main robotique. À la suite de ma présentation, il avait aussitôt modifié son modèle pour y introduire un contrôle parallèle des deux composantes (*reaching* et *grasping*) du comportement de préhension.

Une autre caractéristique remarquable des mouvements de préhension m'était apparue au fil de mes mesures : le pouce et l'index se livraient à un curieux jeu de chassé-croisé. Ils s'écartaient d'abord progressivement l'un de l'autre dès le début du mouvement de transport, jusqu'à ce que l'écart entre les deux dépasse la taille de l'objet à saisir ; puis l'écart se réduisait jusqu'à s'accorder exactement à l'objet au moment précis de la saisie. Le point maximum d'écartement des doigts se situait à peu près aux trois quarts du mouvement de transport. En utilisant des objets de taille différente comme cibles de la saisie, j'avais rapidement constaté que le maximum d'écartement était relié de façon étroite à la taille de l'objet à saisir. Je m'étais alors posé la question de savoir s'il s'agissait d'un simple ajustement progressif sous le contrôle de la vision en cours de mouvement et, pour y répondre, j'avais fait appel à un dispositif utilisé par Dick Held dans ses expériences d'adaptation sensori-motrice. Ce dispositif permettait au

---

14. M. Jeannerod et B. Biguer, 1982.

sujet de voir la cible vers laquelle il dirigeait son mouvement, alors que son bras demeurait caché à sa vue. Il suffisait d'interposer un miroir entre le plan du regard du sujet et le plan de travail où il effectuait son mouvement : le sujet voyait dans le miroir l'image de l'objet-cible (placé en réalité au-dessus de sa tête) se projetant optiquement au niveau du plan de travail. Son bras, se déplaçant sous le miroir, restait invisible. Enfin, un objet identique était placé sous le miroir en étroite coïncidence avec l'image de l'objet-cible, de telle sorte que le sujet pouvait le saisir à la fin de son mouvement. Dans cette situation, qui excluait un rôle direct de la vision sur le déroulement du mouvement, les principales caractéristiques de la saisie manuelle restaient inchangées : en particulier, l'ouverture exagérée suivie de la fermeture de la pince formée par le pouce et l'index persistait[15].

Le système visuel effectuait donc une estimation anticipée de la taille de l'objet à saisir, ce qui conférait à ce moment critique dans le décours de la préhension (devenu dans la littérature le paramètre MGA pour *maximum grip aperture*) la valeur d'un indice de la précision de la transformation visuo-motrice. Effectivement, les patients présentant une ataxie optique ont des mouvements de saisie très différents de ceux des sujets sains : les doigts s'écartent sans jamais se refermer, quelle que soit la taille de l'objet. De ce fait, la pince ne se forme pas et la prise est impossible ou défectueuse. Le paramètre MGA pouvait donc être considéré comme un témoin d'une fonction dorsale normale. Mel Goodale l'avait d'ailleurs mesuré lors de l'examen de la patiente DF : il avait ainsi pu s'assurer que son

---

15. Pour en savoir plus sur ces expériences sur les mouvements de la main, lire l'entretien reproduit à la fin du volume (Appendice 1).

système visuel effectuait bien une transformation visuo-motrice en bonne et due forme, et que ses mouvements de saisie ne résultaient pas d'un contact fortuit avec les objets. Le cas de cette patiente, dont seule la voie dorsale était fonctionnelle, constituait un argument critique en faveur du rôle de cette voie dans la vision pour l'action. Ces résultats, joints à ceux de Mountcastle chez le singe, avaient donc valeur de démonstration.

Il est temps, me semble-t-il, en pensant au lecteur qui m'aura suivi jusqu'ici, de récapituler cette saga de la découverte des deux systèmes visuels. Le premier événement marquant est l'abandon de la thèse opposant un système cortical à un système sous-cortical, à la suite du travail de Mishkin chez le singe. La nouvelle thèse était donc celle de deux voies cortico-corticales exerçant l'une et l'autre des fonctions perceptives, la voie ventrale pour les objets et la voie dorsale pour les relations spatiales. Entre-temps était survenu le second événement, la découverte par Mountcastle des propriétés du cortex pariétal postérieur, qui donnait à ce qui allait devenir la voie dorsale un rôle visuo-moteur. Ce rôle avait été confirmé par les cas cliniques d'ataxie optique par lésion pariétale où l'on observait une atteinte des deux composantes du comportement de préhension, le transport de la main vers l'objet-cible et la préformation de la pince digitale. Finalement, le cas de la patiente DF semblait accréditer l'idée d'une dissociation entre la vision pour la perception, fonction de la voie ventrale, et la vision pour l'action, fonction de la voie dorsale.

L'histoire, cependant, ne s'arrête pas là. En tentant de faire la synthèse des différentes propositions sur la fonction respective des deux voies visuelles, j'avais proposé autour de 1994 une interprétation intermédiaire. Plutôt que de chercher à attribuer une propriété exclusive à chacune des deux voies, j'étais parti d'un point de vue différent en me fondant sur la participation du système visuel dans son ensemble à l'accomplissement de tâches précises. Selon cette conception, une tâche d'identification ou de reconnaissance (d'un objet, d'un visage, d'un événement, d'un lieu) devait solliciter une modalité de traitement « sémantique » de l'information visuelle, tandis qu'une tâche comportant une interaction avec l'environnement devait impliquer une modalité de traitement « pragmatique » de cette même information. Contrairement aux autres protagonistes de ce débat, je ne faisais pas du traitement sémantique une propriété exclusive de la voie ventrale. À mon sens, la voie dorsale pouvait également y participer, dans la mesure de ses « compétences », c'est-à-dire dans des domaines comme celui de l'utilisation des objets ou de l'organisation spatiale de l'action. Les troubles présentés par certains patients atteints de lésions pariétales, les patients apraxiques, semblaient confirmer cette vue : comme on le sait, ils éprouvent de grandes difficultés à comprendre la signification d'une action exécutée devant eux et à la reproduire, ils ne peuvent mimer des gestes d'utilisation d'outils, ils ont de la difficulté à former des images mentales d'action, alors qu'ils forment normalement des images mentales visuelles. La voie dorsale ne peut ignorer certaines des propriétés des objets qui se rangent dans la catégorie « sémantique » : lors d'un geste automatique de saisie d'un objet allongé et cylindrique, la posture de la main sera différente selon qu'il s'agit d'un stylo, d'un tournevis ou d'un bâton !

Aujourd'hui, de nouvelles données issues de la neuro-imagerie chez le sujet sain permettent de distinguer plusieurs sous-systèmes au sein de la voie dorsale : le lobule pariétal supérieur aurait un rôle limité à l'élaboration d'actions élémentaires (atteindre, saisir) en direction des objets (la « vision pour l'action » de Milner et Goodale[16]) ; le lobule pariétal inférieur aurait un rôle plus cognitif, celui d'élaborer des représentations d'actions plus complexes en direction du monde visuel ; enfin, la région pariéto-occipitale interviendrait dans l'organisation spatiale de ces actions. La première de ces fonctions serait répartie de manière symétrique sur les deux lobes pariétaux, tandis que les autres seraient latéralisées : comme l'indique la clinique, la fonction représentationnelle, atteinte chez les patients apraxiques, serait l'apanage du lobe pariétal gauche, tandis que la fonction spatiale serait latéralisée à droite. Le rôle de la voie dorsale ne se limiterait donc pas aux interactions visuo-motrices automatiques, elle participerait de plein droit à la représentation consciente de nos actions dirigées vers le monde visuel.

Les recherches portant sur la pluralité des mécanismes de la vision constituent une des plus belles pages de l'histoire des neurosciences cognitives ; une des plus interdisciplinaires aussi, puisqu'elles ont mobilisé à la fois des anatomistes, des physiologistes, des psychologues et des neuropsychologues. Au-delà du cercle des expérimentalistes, le fait que le terme même de « voir » recouvre plusieurs modalités dissociables, mettant en jeu des mécanismes différents et correspondant à des contenus subjectifs distincts, posait évidemment des questions nouvelles aux théoriciens et aux philosophes[17]. Les neurosciences, devenues membres à part entière de la famille des sciences cognitives, bousculaient sous nos yeux une des notions philosophiques les mieux établies, celle de l'unité

---

16. D. Milner et M. Goodale, 1995.
17. Voir *infra*, chapitre 6.

de la conscience. C'est ici, peut-être, qu'on voit le mieux se déployer le paradigme de la fabrique des idées : une idée (la pluralité des fonctions visuelles) naît, se stabilise, se généralise à de nombreuses espèces animales. C'est alors qu'apparaissent les difficultés provoquées par les différences d'organisation entre les systèmes visuels de ces espèces ; plusieurs versions de la même idée cohabitent, entrent en compétition. L'observation clinique vient au secours de l'anatomie et donne la préférence, pour un temps, à une des versions, et ainsi de suite.

CHAPITRE 4

Au commencement
était l'action

Dans les laboratoires, la neurophysiologie centrale, celle qui traite des fonctions intégrées et du comportement, souffrait d'une relative désaffection. Seule, la neurophysiologie sensorielle, consacrée à l'étude des étapes précoces du traitement de l'information sensorielle, affichait une bonne santé, portée par les notions fondatrices de champ récepteur et de détecteur de caractéristiques (*feature detector*) mises à jour par Mountcastle au niveau du cortex somesthésique, et généralisées au système visuel par Richard Jung, Stephen Kuffler, Hubel et Wiesel. On a vu un exemple de cette vitalité des recherches sur la vision au chapitre précédent. Mais, d'une manière générale, le domaine d'expertise de la physiologie semblait se réduire inexorablement au profit des approches plus analytiques, alors en plein développement, de la neurochimie, puis de la biologie moléculaire. La découverte des récepteurs membranaires déplaçait la régulation des comportements (normaux et pathologiques) du niveau global du système vers le niveau cellulaire : les centrifugeuses, les compteurs à scintillation et les chambres pour culture de cellules détrônaient dans les laboratoires les techniques d'observation et d'enregistrement, sur l'animal « entier », des effets des lésions ou des stimulations.

La physiologie du sommeil, mon premier port d'attache, avait suivi la même destinée. La découverte du rôle de la formation réticulée dans le maintien de l'état d'éveil avait d'abord contribué à son développement. Giuseppe Moruzzi et Horace Magoun, des neurophysiologistes que Michel Jouvet rangeait parmi ses inspirateurs (il avait séjourné dans le laboratoire de Magoun à Long Beach et avait d'étroites relations avec le laboratoire de Pise dirigé par Moruzzi), avaient en effet décrit dès 1949 le rôle de la formation réticulée du tronc cérébral dans le maintien de l'état d'éveil : la formation réticulée, qui se projetait sur l'ensemble du cortex cérébral, le maintenait « activé », d'où le terme de système réticulaire « activateur » ascendant (SRAA) que ses découvreurs avaient utilisé pour le définir. Selon eux, le SRAA était responsable des aspects « non spécifiques » de la fonction cérébrale, ceux qui intervenaient dans la régulation globale du comportement (dont faisait partie le cycle veille-sommeil), par opposition aux mécanismes « spécifiques » qui assuraient le traitement de l'information sensorielle. Alors que les traitements sensoriels impliquaient une ségrégation anatomique des différentes modalités, la formation réticulée était au contraire le lieu où se produisait leur « intégration », du fait de la convergence à son niveau d'informations venues de toutes les modalités sensorielles : en perdant leur spécificité, elles se transformaient en un « tonus » destiné au maintien de l'activation du réseau cortical. Ainsi, la destruction de la formation réticulée entraînait la disparition de l'état d'éveil, tandis qu'à l'inverse sa stimulation électrique réveillait l'animal endormi. La physiologie de la formation réticulée au début des années 1960 se pratiquait encore souvent sur des préparations « aiguës » où l'animal, sous respiration artificielle, était immobilisé dans un cadre stéréotaxique. Des sections étaient pratiquées à différents niveaux du tronc cérébral pour déconnecter le cortex cérébral de tout ou partie du système réticulaire activateur, et le degré d'activation du cortex était jugé d'après l'électroencéphalogramme. En 1965, mon travail de thèse s'était en partie appuyé sur cette méthodologie, dans le but d'isoler le foyer où l'activité ponto-géniculo-occipitale (PGO) prenait son origine. Un des grands mérites de Michel Jouvet avait consisté à transférer ce type de physiologie sur des préparations « chroniques », où l'animal (le plus souvent un chat), porteur d'électrodes implantées à demeure, était libre de ses mouvements et pouvait extérioriser son comportement. Telle était la démarche qui lui avait permis d'aborder l'étude en profondeur de phénomènes d'apparition spontanée aussi fugaces et instables que les différentes phases du sommeil. En possession de cet outil, il avait pu, de façon prémonitoire, réorienter rapidement l'activité de son laboratoire dans la nouvelle direction, celle de la neurochimie des états de sommeil et de vigilance[1].

Michel Jouvet m'avait confié un premier travail, compatible avec ma fonction d'interne en médecine en ce sens qu'il se déroulait essentiellement la nuit, qui consistait à suivre l'évolution de patients atteints de lésions importantes du système nerveux central et qui étaient plongés dans un coma plus ou moins profond. Il s'agissait de patients dont le SRAA avait été détruit par une lésion

---

1. Les travaux du laboratoire de Michel Jouvet sur le sommeil ont fait l'objet d'une étude historique détaillée. Voir C. Debru, 1986.

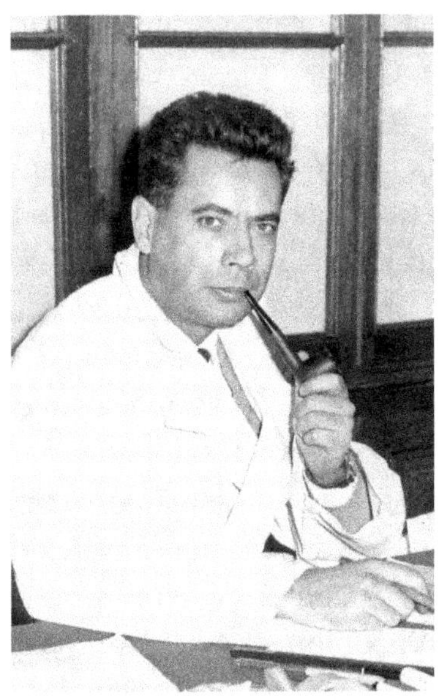

Michel Jouvet

et qui, n'ayant plus la possibilité de se réveiller, restaient plongés dans une sorte de « sommeil » permanent, le coma. À contre-courant de l'opinion générale, Jouvet avait réussi à imposer l'idée que le sommeil était en fait un état autonome doté de mécanismes distincts de ceux de l'éveil. Pour lui, les comateux étaient privés d'éveil du fait de la lésion de leur formation réticulée, mais rien ne s'opposait à ce qu'ils aient conservé intacts les mécanismes nécessaires à l'apparition du sommeil. Leur coma était-il entrecoupé de périodes de sommeil ? Présentaient-ils des phases de sommeil paradoxal ? Rêvaient-ils ? J'avais appris la technique de l'enregistrement de l'électro-encéphalogramme et avais passé de longs moments à guetter les modifications qui auraient pu signaler l'apparition d'un stade de sommeil. J'entends encore le silence bruyant de ces nuits d'hôpital, rythmé par le soufflement des machines de respiration artificielle et ponctué des gémissements des patients. Mais rien ne se passait : le tracé restait inchangé au cours de la nuit, d'une nuit à l'autre, d'un mois à l'autre.

En attendant l'action

J'en arrive, dans ce contexte, à ce qui a représenté mon principal centre d'intérêt dès la fin des années 1960, le problème de la nature et de la genèse de l'action, ou : comment aborder la physiologie de l'action dans sa forme endogène, spontanée, indépendante des conditions extérieures, en un mot, de ce qu'il est convenu d'appeler l'action volontaire ? J'éprouve de la difficulté, rétrospectivement, à reconstituer les événements qui ont pu m'orienter dans cette direction. Un des facteurs déterminants a pu, précisément, être mon immersion initiale dans l'étude des états de sommeil. Le sommeil est un état qui apparaît spontanément, à l'intérieur duquel la phase paradoxale survient, elle aussi, de façon spontanée ; quant aux décharges motrices (mouvements des yeux, etc.) qui caractérisent cette phase de sommeil, leur apparition est également aléatoire et imprévisible. J'étais donc en quelque sorte soumis, pour la collecte de mes données, au bon vouloir du cerveau de l'animal que j'étudiais. Comment, dans cette attente fébrile et parfois vaine, ne pas avoir été confronté à l'idée d'un « état central » obéissant à des facteurs endogènes et restant imperméable aux facteurs extérieurs ? Dans le vague à l'âme qu'entretient l'attente chez le chercheur, les idées s'enchaînent librement : la notion d'état central n'est après tout que la contrepartie biologique de celles d'intériorité et de subjectivité qui, elles, pénètrent en profondeur vers l'origine de l'action, vers le mystère de l'être.

Mon activité de neuropsychologue débutant, dont il a déjà été question ailleurs, a également joué un rôle déterminant dans le choix de cette orientation vers la physiologie de l'action. Les physiologistes de la motricité, en fidèles disciples de Sherrington, concentraient leurs travaux sur les circuits spinaux ou cérébelleux, tendance majoritaire qui privilégiait l'approche sensori-motrice, *bottom-up* en quelque sorte, du contrôle des mouvements. De mon côté, j'avais eu accès, par la neuropsychologie, à l'observation de patients atteints de lésions du cortex cérébral et présentant des signes d'apraxie. L'apraxie posait en effet des questions fondamentales : comment interpréter le fait qu'un patient se révèle incapable d'exécuter un geste sur commande et hors contexte, alors qu'il l'exécute sans difficulté de manière automatique dans un contexte approprié ? Un apraxique peut-il encore se représenter une action dirigée vers un but ? Les formulations plutôt vagues qu'utilisaient les neuropsychologues pour rendre compte de ces phénomènes, la perte de l'activité intentionnelle, l'incapacité à agir conformément à un but déterminé, l'atteinte des représentations d'action, ne faisaient référence à aucun mécanisme clairement identifié. De plus, elles se situaient à contre-courant de la tendance majoritaire, en privilégiant l'approche *top-down* d'une motricité contrôlée de l'intérieur.

Je retrouve la trace de mes premières tentatives d'explication de la désorganisation de l'action dans l'apraxie dans un article que j'avais écrit en 1965 pour une revue de philosophie, article justement oublié aujourd'hui. À propos du cas de syndrome de Balint déjà cité et étudié en collaboration avec François Michel, je m'étais offert une sorte d'essai sur la *Phénoménologie de l'agir* sous-titré :

« Considérations sur la motricité normale et pathologique[2]. » Si je fais référence, à mon corps défendant, à ce
travail, c'est parce que j'y retrouve un certain nombre de
notions fondatrices qui réapparaîtront vingt ans plus tard
dans un contexte plus crédible et mieux argumenté. C'est
le cas, par exemple, de la notion de continuité entre intention et exécution. Le texte de 1965 disait en effet : « Mon
intention est motrice, c'est-à-dire qu'elle n'est révélée que
par le geste qui l'exprime : le geste constitue [...] la média-
tion corporelle qui me donne accès à ma propre intention[3]. » Cette affirmation était dans le droit fil de la doxa
phénoménologique de l'époque, mais la suite de l'article
tentait une explication de cet aspect majeur de l'apraxie
qu'est la dissociation entre motricité automatique et motricité volontaire, qui y était conçue comme une rupture de
la continuité entre intention et exécution : dès lors, le
patient n'avait plus pour seule possibilité que de « réagir »
automatiquement à des situations, et avait perdu la capacité d'« agir » librement selon ses propres intentions. Ce
point sera repris et critiqué plus loin à propos des discussions sur la représentation de l'action, mais dans un cadre
conceptuel différent, celui d'une philosophie cognitive plus
compatible avec la réalité physiologique.

Parmi les auteurs que je lisais à cette époque, un de
ceux qui ont gardé pour moi leur pouvoir de séduction est
Kurt Goldstein. Sa *Structure de l'organisme*[4], que j'avais
achetée au début des années 1950 sur la recommandation
de mon professeur de philo, est restée un de mes livres cultes.
Goldstein, il est vrai, était un neurologue profondément
influencé par son contact avec les patients, ce qui donnait à

---

2. M. Jeannerod, 1965.
3. *Ibid.*, p. 380.
4. K. Goldstein, 1951.

ses réflexions une résonance particulière qui me les rendait proches. Je n'avais d'ailleurs pas été surpris lorsque j'avais plus tard appris que Teuber avait fréquenté ses présentations cliniques, raison de plus pour moi d'éprouver ce sentiment de proximité. Pour Goldstein, le symptôme en neurologie n'avait pas de valeur en soi, il ne faisait qu'exprimer l'adaptation du patient à la situation nouvelle créée par la lésion, reflétant la tendance de l'organisme à restaurer un comportement ordonné avec les ressources restantes. Ainsi, les modifications des réflexes telles qu'elles pouvaient être observées en clinique n'étaient pour lui que des expressions de l'isolement d'une partie du système par la lésion. C'est pourquoi il considérait comme illusoire de vouloir reconstruire ou comprendre le fonctionnement normal de l'ensemble à partir de l'observation de ces phénomènes partiels : dans la situation normale, les réflexes n'étaient que les éléments d'une régulation qui les dépassait et à laquelle ils étaient asservis. Le fonctionnement nerveux trouvait ainsi sa place dans le vaste ensemble de l'organisme tel que le concevait Goldstein, c'est-à-dire un « organisme ordonné », possédant sa détermination indépendamment de l'environnement extérieur, et capable de créer lui-même son propre environnement en fonction de sa singularité.

La notion de régulation, la référence à un organisme ordonné et autonome imposant son ordre au monde extérieur plutôt que subissant sa loi sont les fondements du concept d'homéostasie, forgé initialement, comme on le sait, pour rendre compte des mécanismes humoraux du maintien de la constance du milieu intérieur. Ma lecture de Goldstein prenait une dimension particulière dans le laboratoire de Michel Jouvet, où Claude Bernard était érigé en divinité tutélaire. Je n'oubliais pas non plus que je devais mon poste de professeur à la médecine expérimentale, discipline aujourd'hui disparue, mais qui se voulait son héritière. Dans ce contexte, les idées de Goldstein semblaient autoriser un transfert au fonctionnement nerveux des notions générales de régulation et d'homéostasie : il donnait en effet au comportement, à l'activité psychique, aux affects, un rôle dans le maintien de l'équilibre de l'organisme entier, au même titre que les éléments de plus bas niveau comme les réflexes, tout en faisant observer que ces différentes manifestations de l'être n'étaient en fait que des abstractions qui représentaient chacune des moments isolés artificiellement du processus « organismique » global.

Dans un article de 1993, dont je cite ici un long passage, j'avais proposé une hypothèse qui tentait de transposer la notion de régulation au domaine du mouvement volontaire :

« Cette notion d'autorégulation permet-elle d'inscrire l'étude du mouvement volontaire dans une perspective physiologique, au même titre que celle du mouvement réflexe ? L'origine du mouvement volontaire n'échappe-t-elle pas, au moins en première analyse, au déterminisme qu'implique une référence à préserver à tout prix ? Alors que des systèmes autorégulés comme ceux qui produisent l'activité réflexe sont des systèmes énergétiquement "fermés", au sens où l'énergie nécessaire à la réponse est présente dans le stimulus ou dans la perturbation qui provoque l'écart par rapport à la référence, le mouvement volontaire, lui, semble procéder d'un système énergétiquement "ouvert" dont l'énergie vient de l'intérieur. C'est à ce titre que son origine endogène lui confère un caractère nouveau, informatif. Il procède d'une intention construite par le sujet, d'une représentation d'un but à atteindre qui sont ici les éléments déclencheurs du processus. Mais cette intention qui se construit progressivement, qui grandit jusqu'au moment où se déclenche l'action, n'en vient-elle pas à constituer elle aussi, par sa présence même, un écart par rapport à un état de référence ? Ne pourrait-on pas, en effet, considérer l'intention comme un état activé du système, créant un "besoin d'action" jusqu'à ce que, le but étant atteint, ce système se désactive et retourne à son état de repos ? D'une façon plus métaphorique, mais en même temps plus conforme à la nature même du mouvement volontaire, on pourrait exprimer les différents états de ce système en termes de désir : l'état activé serait un état désirant que l'action ramènerait à un état non désirant, à un état de satisfaction. Le système intentionnel n'apparaîtrait donc comme un système ouvert que parce que seraient ignorées les raisons qui sont à l'origine de la création de l'état désirant : si ces raisons venaient à être connues, le système intentionnel devrait alors être assimilé lui aussi à un système autorégulé. Si tel était le cas, le mouvement volontaire deviendrait à son tour, comme le mouvement réflexe, l'agent d'une régulation, d'une homéostasie d'un niveau certes plus élevé, mais qui lui conférerait le même ancrage à l'environnement extérieur.

» La différence, fondamentale, entre les deux types de motricité réside en fait dans leurs degrés respectifs d'implication téléonomique. Le réflexe, en tant que mécanisme de correction automatique d'écarts par rapport à une référence, répond à une fonction téléonomique bien définie : maintenir un état donné du système face aux fluctuations du monde extérieur… Le mouvement intentionnel, au contraire, possède une large autonomie vis-à-vis des besoins biologiques, et donc du monde extérieur. Il correspond à la définition d'un but, représentation de haut niveau dans la mesure où, précisément, elle n'est pas fixée une fois pour toutes[5]. »

---

5. M. Jeannerod, 1993a, p. 184-185.

*Éviter les pièges
de la subjectivité ?*

Il me reste donc à tenter de comprendre comment j'en suis arrivé à penser que les phénomènes moteurs du comportement spontané participaient au maintien de l'indépendance de l'organisme vis-à-vis du monde extérieur, au moins pour la dimension qui me concernait, celle de la subjectivité de l'agent responsable d'une action volontaire. Je retiens pour l'instant ce terme vague de subjectivité, tout en sachant qu'il va progressivement gagner... en objectivité au fil de ce récit. Mes premiers efforts dans cette direction se limitaient à des considérations théoriques qui avaient constitué la matière de mon premier livre, *Le Cerveau-Machine*[6], paru en 1983 dans une collection dirigée par Odile Jacob. Le sous-titre que j'avais donné à ce livre, *Physiologie de la volonté*, associait de manière quelque peu provocante la volonté, phénomène subjectif relevant de l'introspection, à la démarche physiologique relevant en principe de la description et de l'expérimentation. J'avais envoyé un exemplaire du livre à Georges Canguilhem, dont j'avais lu et cité le travail historique classique sur la découverte des réflexes[7]. Pour lui, la distinction entre mouvement volontaire et mouvement involontaire n'avait pas lieu d'être en physiologie, sauf à risquer de tomber dans les « pièges de la subjectivité ». Après avoir lu *Le Cerveau-Machine*, il m'avait écrit une longue lettre dans laquelle il

---

6. M. Jeannerod, 1983.

7. G. Canguilhem, 1953. J'ai rédigé plus tard, à l'occasion d'un volume d'hommage à Georges Canguilhem, un texte intitulé « Sur le concept de mouvement volontaire », voir Jeannerod, 1993b.

semblait revenir sur sa position, « de sorte que, disait-il, parvenu aux interrogations finales sur l'origine centrale des mouvements spontanés instituant l'expérience au lieu de la subir, on ne se sent pas coupable de trouver encore quelque sens à la permanence de la distinction classique entre le volontaire et l'involontaire[8] ».

Cette association apparemment contre nature de la volonté et de la physiologie de l'action trouvait pour moi sa principale justification dans les textes que je lisais pour la préparation du *Cerveau-Machine*, et tout particulièrement ceux de Maine de Biran. Ce philosophe « spiritualiste » du début du XIXe siècle (il est mort en 1824) semble aujourd'hui à beaucoup ne présenter qu'un intérêt historique. Il m'avait au contraire frappé par sa modernité. Maine de Biran avait poussé à ses limites la pratique de l'introspection, dont il avait fait une source de connaissance et de maîtrise de soi : selon ses propres termes, « je ne me connais, je ne suis moi que par mon activité, et, comme je me sens intimement uni à un organisme qui m'obéit en me résistant, mon activité est toujours un effort[9] ». Pour lui, cette expérience de l'effort était le critère subjectif de l'action volontaire, le sentiment à partir duquel se structurait le moi : « Si l'individu ne *voulait* pas [...], il ne connaîtrait rien [...], il ne soupçonnerait aucune existence, il n'aurait même pas d'*idée* de la sienne propre[10]. »

Ce que j'avais trouvé fascinant chez lui, c'était le degré de précision quasi physiologique de ses auto-observations. Ainsi distinguait-il clairement le sentiment de l'effort des autres sensations qui résultent de l'exécution d'un mouvement. Il séparait la sensation musculaire, ressentie égale-

---

8. G. Canguilhem, lettre du 12 décembre 1983.
9. Propos rapportés par son biographe Naville, *in* F. Naville, 1857, p. 31.
10. F. Maine de Biran, 1803, voir p. 16.

ment lorsque le déplacement d'un membre est imposé par une force extérieure, et qui n'était selon lui qu'une impression *passive*, du sentiment de l'effort qui, au contraire, appartenait en propre à la production *active* d'un mouvement : le sentiment de l'effort était, selon lui, ce qui indiquait au sujet qu'il est bien lui-même l'agent ou la cause de son acte. Cette interprétation me paraissait en parfait accord avec celle que Teuber donnait alors de la décharge corollaire, dont il faisait, comme on l'a vu dans un chapitre précédent, le critère de l'action volontaire. La proximité entre le sentiment de l'effort selon Maine de Biran et la décharge corollaire selon Teuber constituait un encouragement à passer de la théorie à la pratique : restait à trouver une situation expérimentale qui aurait permis de pénétrer à l'intérieur de l'action, et donc du sujet. Ce cheminement prendra finalement plus de vingt ans, avant de pouvoir déboucher sur des expériences répondant aux vraies questions que sont devenues les questions sur le « sens de soi » et le « sens de l'agentivité » (*agency*).

Les représentations
visuo-motrices

En attendant, je poursuivais ma collaboration avec Claude Prablanc sur la transformation visuo-motrice, pour tenter de déterminer la contribution respective, dans le contrôle de l'exécution des mouvements, des informations visuelles rétroactives provoquées par le mouvement, et des informations proactives prises en compte par le système avant le départ du mouvement, sur la localisation de la cible par rapport au corps, sur la position de la main par

Michael Arbib. Photo prise lors d'une réunion du groupe « Human Frontiers » à Levanto (Italie), en 1994. À sa gauche, Massimo Mattelli, l'anatomiste du laboratoire de Parme, décédé prématurément en 1999.

rapport à la cible, etc.[11]. Pour cette raison, toutes nos expériences comportaient une condition où les informations visuelles en feed-back étaient supprimées (condition dite en « boucle ouverte » selon le jargon cybernétique de l'époque). Comme les mouvements exécutés en condition boucle ouverte différaient très peu de ceux exécutés sous contrôle visuel, notre tendance était de privilégier le mécanisme proactif, ce qui impliquait *de facto* l'existence d'une « représentation » préalable du mouvement à accomplir. Lorsque j'avais appliqué cette même méthode aux mouvements de saisie manuelle (à l'aide du dispositif qui permettait de cacher la main tout en laissant apparaître la forme de l'objet à saisir, voir chapitre 3), j'avais fait la même

---

11. C. Prablanc *et al.*, 1979 ; B. Biguer *et al.*, 1982.

constatation : la main prenait la posture adaptée à la saisie de l'objet pendant la phase de transport, c'est-à-dire bien avant la saisie elle-même, que le contrôle visuel soit présent ou non. Ce résultat renforçait notre hypothèse : le système visuel formait une représentation de l'objet (forme, taille, orientation) à partir de laquelle se réalisait la configuration optimale de la main. Michael Arbib, que j'avais rencontré au congrès de Brandeis en 1979 comme je l'ai déjà mentionné, avait donné une consistance « robotique » à cette représentation en la décomposant en « schémas » moteurs correspondants aux différents aspects de l'objet à saisir.

Par la suite, cette même notion de représentation avait été au centre d'une collaboration étalée sur plusieurs années entre notre laboratoire et ceux de Michael Arbib et de Michael Jordan aux États-Unis, de Hideo Sakata au

Hideo Sakata photographié lors d'un tour en Bourgogne en 1995.

Japon et de Giacomo Rizzolatti en Italie. Il était rapidement devenu évident que la région impliquée dans la formation de ce type de représentation se trouvait dans le lobe pariétal : c'est en effet au cours de cette période de collaboration que Sakata avait découvert chez le singe, dans la région antérieure du sillon intrapariétal (l'aire AIP), des neurones dont les propriétés visuo-motrices cadraient étroitement avec l'idée d'une représentation « motrice » de la forme des objets[12]. De surcroît, l'inactivation transitoire de cette région provoquait chez l'animal un déficit de la préformation de la main lors d'un geste de saisie, reproduisant certains des symptômes de l'ataxie optique observée chez l'homme à la suite d'une lésion du lobule pariétal supérieur.

La représentation de l'action

Les résultats obtenus dans les expériences sur les mouvements de préhension démontraient donc que le système moteur procède par représentations anticipant l'exécution d'un mouvement. Plusieurs questions se posaient cependant : que contient au juste la représentation ? et comment peut-on accéder à son contenu ? Ce contenu correspond-il à un vécu conscient, ou n'est-il déchiffrable qu'au travers de l'observation de mouvements exécutés de manière automatique, comme dans le cas de la saisie d'un objet, par exemple ? Une première réponse à ces questions m'avait été donnée presque fortuitement lorsque, un jour de 1988, Jean Decety m'avait montré les résultats qu'il avait

---

12. M. Taira *et al.*, 1990.

obtenus dans une expérience où il avait soumis des jeunes sportifs à un protocole d'imagerie mentale. L'imagerie mentale, un vieux sujet de recherche en psychologie expérimentale, avait refait surface au début des années 1980 dans le cadre de la vision : Steven Kosslyn, aux États-Unis, avait étudié les propriétés des images mentales visuelles à l'aide de la méthode, classique en psychologie cognitive, de « chronométrie mentale ». Dans une de ses expériences, les sujets, après avoir mémorisé la carte d'une île comportant plusieurs repères (une maison, un arbre, une plage, etc.), devaient imaginer qu'ils se rendaient d'un repère à un autre : le temps qu'ils mettaient à parcourir cet espace imaginé était d'autant plus long que la distance entre les repères sur la carte mémorisée était grande. Kosslyn avait fait l'hypothèse que les images mentales formées à partir d'objets visuels conservaient la même rigidité et la même métrique que les objets réels. Cette hypothèse valait-elle également pour une autre forme d'imagerie mentale, l'imagerie « motrice », connue elle aussi depuis longtemps mais peu étudiée ? On peut en effet s'imaginer en train de réaliser telle ou telle tâche motrice (courir, skier...), tout en ressentant de l'intérieur les sensations qui accompagnent normalement ces mouvements. Peu de choses étaient alors connues sur l'imagerie motrice, sauf toutefois dans le domaine de la performance sportive. Les psychologues du sport avaient en effet remarqué que les sportifs de haut niveau utilisaient avec bénéfice une technique d'« entraînement mental », où ils repassaient dans leur tête les différentes phases de leur future performance comme s'ils l'exécutaient réellement.

L'expérience de Decety avait consisté à comparer le temps mis par les sujets à marcher physiquement vers des repères visuels situés à distance variable, avec le temps mis à marcher « mentalement » vers ces mêmes repères[13]. Le résultat avait été remarquablement clair : dans la marche physique comme dans la marche mentale, le temps était fonction de la distance et, pour chaque sujet les temps dans les deux conditions étaient les mêmes. Dès lors, les expériences s'étaient enchaînées rapidement, démontrant chaque fois la similitude de l'action physique et de l'action mentale. Au-delà de l'estimation des temps, qui reposait sur l'introspection des sujets eux-mêmes, des mesures portant sur des indices plus « objectifs » ont été introduites, ce qui, du même coup, permettait de pénétrer plus avant à l'intérieur du phénomène. C'est ainsi que nous avions découvert que l'action imaginée s'accompagnait de modifications physiologiques semblables (à l'intensité près) à celles de l'action physique : des variations du rythme cardiaque et respiratoire se produisaient à l'insu du sujet lorsqu'il s'imaginait produire un effort plus ou moins important (marcher ou courir, par exemple). Surtout, les régions cérébrales impliquées dans la réalisation physique d'une action (le cortex moteur, le cervelet) s'activaient, avec la même topographie, lors de la même action réalisée mentalement. Nous avions même mis en évidence, grâce à une collaboration avec Jean Requin à Marseille, des modifications des réflexes monosynaptiques, ce qui impliquait que l'activation du système moteur pendant l'action imaginée se propageait jusqu'aux motoneurones de la moelle.

---

13. Voir J. Decety *et al.*, 1989. J'ai réalisé récemment, en relisant un vieux carnet de notes, que j'avais pensé à cette expérience dès 1985, à la suite d'une discussion avec John Annett, avec qui nous avions déjà envisagé la possibilité d'utiliser les repères temporels de la représentation motrice fournis par le sujet en train d'imaginer des mouvements ! Mais j'ai le défaut de ne pas assez relire mes notes...

Je ne me suis rendu compte que plus tard que nous tenions là un modèle expérimental de la représentation motrice qui pouvait être généralisé à d'autres formes d'actions, au-delà du phénomène particulier des actions imaginées. Au début des années 1990, cependant, j'étais encore fortement imprégné de la notion de « vision pour l'action », dont j'ai déjà longuement parlé. L'idée que je me faisais du contenu de la représentation concernait le but de l'action plutôt que les moyens à mettre en œuvre pour l'atteindre. Dans le cas des mouvements de préhension, qui étaient restés ma référence préférée, c'étaient la forme, la taille, l'orientation de l'objet à saisir – en un mot ses attributs « pragmatiques » –, plus que l'organisation des mouvements de saisie proprement dits qui, à mon sens, devaient être représentés. Cette indécision sur le contenu de la représentation motrice est manifeste dans le long article que j'avais élaboré au cours d'un séjour à Trieste à l'automne 1993 et publié en 1994 dans la revue *Behavioural and Brain Sciences*[14] : les données issues des premières expériences sur l'imagerie motrice, qui suggéraient que la durée de l'action, les contraintes biomécaniques, la cinématique, faisaient partie de la représentation, y voisinaient encore avec une description de la transformation visuo-motrice.

La séparation des deux formes de représentation ne s'est faite que progressivement, au fur et à mesure que naissait la notion d'action « simulée ». Ce terme désignait dans mon esprit une forme d'action qui comportait tous les attributs d'une action exécutée, sauf qu'elle restait masquée, invisible en quelque sorte aux yeux d'un observateur extérieur, mais bien présente aux yeux du physiologiste qui

---

14. M. Jeannerod, 1994. Il s'agit d'un article suivi de nombreux commentaires.

enregistrait ses corrélats intimes. La notion de simulation avait de nombreux avantages. Elle permettait d'abord de s'affranchir de la dimension « consciente » qui restait attachée au phénomène de l'action imaginée. L'action simulée entrait au contraire dans la vaste catégorie des actions nées à l'intérieur du sujet (et la plupart du temps à son insu) et restées non exécutées, qui sont monnaie courante dans la vie quotidienne (lorsque nous hésitons avant de franchir un obstacle, par exemple). Elle permettait ensuite de circonscrire le contenu de la représentation motrice aux aspects moteurs proprement dits et donc de s'affranchir aussi du paradigme « gibsonnien » du guidage du comportement par les incitations venues du monde extérieur. Enfin, la notion de simulation permettait d'explorer d'autres modalités d'action représentée, en particulier les actions dont le sujet est le spectateur et non plus l'acteur. Cette possibilité, qui peut paraître banale tant l'observation du comportement des autres fait partie intégrante de notre être social, allait devenir, comme on va le voir, d'une brûlante actualité.

La représentation
des actions des autres

Nous sommes en effet capables de « lire » et de comprendre le comportement et, dans une certaine mesure, les états mentaux des autres par la simple observation. Les psychologues, depuis quelque temps déjà, avaient constaté que le jeune enfant acquiert cette capacité vers l'âge de 4 ans : il devient capable de se représenter le fait que les autres ont des états mentaux éventuellement différents des siens. Une des hypothèses avancées pour l'expliquer était précisément fondée sur la notion de simulation : nous serions capables de comprendre les états mentaux des autres dans la mesure où le système utilisé pour les détecter serait le même que celui que nous utilisons pour produire les nôtres, en somme parce que nous serions capables de les simuler à l'intérieur de nous-mêmes et de nous mettre à la place des autres. Le physiologiste que j'étais ne pouvait donc qu'être « simulationniste », pour la raison évidente que la simulation, surtout lorsqu'il s'agit d'une action, se traduit facilement en termes d'activité nerveuse. Une action simulée prend ainsi automatiquement le « format » d'une véritable action, format qui est conditionné par l'activation des différents étages du système moteur (le cortex moteur, le cervelet, etc.). Ce format devient apparent lors de l'exécution ; lorsque l'exécution n'a pas lieu, il garantit la véracité de la représentation. On ne peut en effet comprendre une action par la seule analyse visuelle des mouvements : seul le passage par le système moteur lui donne sa réalité et garantit la possibilité de l'exécuter si l'occasion s'en présente. On ne peut comprendre une action que si on peut éprouver soi-même (en la simulant) ce qu'elle serait si on l'exécutait.

Ces considérations prenaient tout leur intérêt dans le contexte des années 1990, puisque c'est en effet au cours de ces années-là qu'a eu lieu la découverte, essentielle pour l'ensemble du domaine, des neurones miroirs. L'article de 1992 signé par l'équipe de Giacomo Rizzolatti faisait état de l'existence d'une population de neurones moteurs (situés dans la partie ventrale du cortex prémoteur) sensibles à l'observation par l'animal du même mouvement que celui dont ils codaient l'exécution. Ces neurones remplissaient à l'évidence les conditions d'une représentation motrice, puisqu'ils codaient un mouvement sans qu'il soit exécuté, mais comme s'il était exécuté[15]. Dans le titre de leur article, les chercheurs de Parme avaient clairement perçu le véritable enjeu de leurs observations en faisant référence à la « compréhension » (*understanding*) des actions[16], affirmant ainsi que les neurones qu'ils enregistraient jouaient un rôle dans l'interaction entre individus : « Je comprends ce que tu fais parce que je pourrais le faire moi aussi, et inversement. » De là est née l'hypothèse que les mêmes représentations pouvaient être activées simultanément dans les cerveaux de plusieurs individus engagés dans la même action. Très rapidement s'est construit autour de la découverte des neurones miroirs un nouveau champ conceptuel, celui de la « cognition motrice », qui englobe aujourd'hui l'ensemble des connaissances portant sur l'imagerie motrice, l'apprentissage par entraînement mental, les différentes formes d'imitation, l'apprentissage par observation, la communication implicite entre individus, la théorie de l'esprit, peut-être même la compréhension du langage, et dont la simulation motrice pourrait représenter le mécanisme unificateur[17].

Le fait qu'une partie importante de la cognition motrice concerne aussi la relation interindividuelle ne signifie pourtant pas que le mécanisme de simulation puisse tout expliquer : on ne peut simuler (pour ensuite imiter, comprendre, refaire) que ce qu'on voit. Autrement dit, le neurone miroir ne dispose pas de la capacité de pénétrer à l'intérieur de l'état mental (invisible) qui précède le comportement visible.

---

15. Cette découverte inattendue avait été faite alors que j'effectuais un bref séjour dans le laboratoire de Parme. J'avais assisté pratiquement en direct à la naissance d'un nouveau concept physiologique.
16. G. Di Pellegrino *et al.*, 1992.
17. Voir M. Jeannerod, 2006.

Giacomo Rizzolatti, lors de sa réception au grade de docteur *honoris causa* de l'université Claude-Bernard, en 2000.

Il ne peut non plus « interpréter » ce qu'il voit. D'autres systèmes doivent intervenir, ceux qui sont capables d'inférence, de jugement, de raisonnement. De plus, la réponse « directe » aux signaux émis par un autre individu, fondée sur l'activité des neurones miroirs, ne serait pas nécessairement la réponse appropriée : tout porte à croire, au contraire, que cette réponse devrait être inhibée ou même supprimée. Dans un article écrit avec Pierre Jacob[18], nous avions formalisé cette critique d'un recours abusif au rôle des neurones miroirs dans les relations interindividuelles à l'aide d'un exemple : lorsqu'un singe observe le comportement de son partenaire sexuel, va-t-il refaire ce qu'il voit (ce que lui dictent ses neurones miroirs), ou va-t-il au contraire bloquer le comportement d'imitation et enclencher le comportement adéquat (celui que lui dicte son système

---

18. P. Jacob et M. Jeannerod, 2005.

d'inférence) ? Cette limitation logique du rôle des neurones miroirs ne diminue en rien l'importance de leur rôle physiologique. Elle met seulement en garde contre une exploitation injustifiée de ce concept par des disciplines en mal d'explications objectives.

Le retour
de la décharge corollaire

Un autre facteur du renouveau des études sur l'action a été le retour inopiné sur le devant de la scène du concept de décharge corollaire. Cette réapparition a pris la forme d'un article publié en 1995 dans *Science*[19], dont Daniel Wolpert et Michael Jordan, deux modélisateurs, étaient parmi les signataires. Je dois dire que la lecture de leur article (« un modèle interne pour l'intégration sensori-motrice »), qui semblait redécouvrir le concept de décharge corollaire tel qu'il avait été utilisé par tant d'auteurs depuis les publications de Sperry et de von Holst en 1950, m'avait surpris. La nouvelle version ajoutait certes au modèle classique une dimension computationnelle, mais les principes généraux : l'estimation anticipée des effets de l'action et la comparaison entre ces effets attendus et les effets réellement constatés, restaient inchangés. Toujours est-il que le nouveau modèle, rapidement adopté sous le nom de *comparator model*, tombait au bon moment pour jouer le rôle d'une sorte d'explication généralisée de la cognition motrice naissante. Du même coup, les notions quelque peu oubliées de régulation et de retour à l'équilibre – que les auteurs du

---

19. D. Wolpert *et al.*, 1995.

nouveau modèle englobaient sous le terme un peu vague de *central monitoring* – étaient remises au goût du jour. Le fait est que les applications de ce modèle ne se sont pas limitées à la régulation automatique de la coordination sensori-motrice. Le *central monitoring* a également été mis à contribution pour rendre compte de la surveillance, ou du suivi en ligne, d'opérations qui sortaient du cadre du simple contrôle des mouvements. Chris Frith avait été un des premiers à comprendre l'intérêt de ce mécanisme pour la différenciation entre soi et non-soi : c'est ainsi que la détection par le modèle d'un accord entre action exécutée et action anticipée valait signal d'autoattribution de cette action, tandis qu'à l'inverse, la détection d'un désaccord signalait une intervention extérieure. Je reviendrai ailleurs (au chapitre 7) sur les potentialités et les insuffisances de ce modèle pour la reconnaissance de soi en discutant nos résultats d'expériences menées chez le sujet sain et le patient schizophrène. La force d'un modèle en physiologie réside dans sa capacité de généralisation. Celui de la décharge corollaire – ou sa version modernisée du *comparator model* –, on le voit, était bien placé de ce point de vue.

Intermède musical

J'ouvre ici une espèce de parenthèse pour parler d'un sujet qui me tient à cœur : la musique. Comme beaucoup de gens, j'aime la musique et, plus encore, les musiciens. Je suis fasciné par le spectacle de la musique vivante, celle qu'on voit en même temps qu'on l'entend. C'est que les musiciens, instrumentistes, danseurs ou chanteurs, tous les acteurs de la musique, jouent avec leur corps : leur corps est leur véritable instrument, le médium qui leur permet de transmettre la connaissance intériorisée qu'ils ont de la partition dans les gestes de l'exécution. Mon intérêt pour tout ce qui relève de la genèse de l'action, pour sa forme, son déploiement, qui traduit son combat, pourrait-on dire, contre les forces d'inertie du monde extérieur, ne pouvait que m'inciter à admirer l'acte musical. Ma véritable ouverture à l'action du musicien, depuis sa représentation interne jusqu'à son exécution visible et audible, date d'une rencontre fortuite.

C'était un jour de 1985. Je donnais une conférence sur le cerveau devant un groupe de notables. Au cours de la discussion qui avait suivi, un des membres de l'assemblée, chef d'orchestre de passage à Lyon pour un concert, m'avait questionné sur le cas de Robert Schumann, victime, comme on le sait, d'épisodes dépressifs à répétition. Je n'avais pu alors lui répondre, ignorant que j'étais de la biographie du compositeur. Nous avions toutefois rapidement familiarisé, si bien qu'il m'avait invité à assister le soir même à la répétition de son concert. Depuis, je n'ai cessé de m'interroger sur la singularité du chef d'orchestre. Il est à l'interface de deux mondes. Face à lui, le monde de l'orchestre, derrière lui, celui du public ; des deux côtés, la même attention discrète à ses moindres gestes, à sa posture, aux expressions de son visage. Ses mouvements rendent visible l'intention du compositeur et la transmettent à ceux qui le regardent. Par la position centrale qu'il occupe, le chef d'orchestre devient le maître du temps : il donne à la mélodie, au rythme, aux inflexions de l'œuvre leur vraie signification d'une action à plusieurs, d'un « concert » au sens propre du mot.

Ce qui me suggère ces réflexions, c'est le fait que le mouvement est à la fois l'aboutissement du processus interne propre à celui qui lui donne naissance, et le début d'un autre processus qui interagit avec ceux qui l'observent. Lorsqu'il devient visible ou audible, le mouvement véhicule des signaux qui peuvent être reçus par d'autres individus et constituer le point de départ d'une relation à plusieurs. Dans le cas de la performance musicale, on passe ainsi de la représentation formée dans le cerveau de l'auteur de l'œuvre à celle qui se forme dans le cerveau du chef d'orchestre, puis de là aux cerveaux des interprètes et des spectateurs. Je me retrouvais donc, dans mes discussions avec mon maître de musique[20] – discussions qui se sont renouvelées à de multiples reprises au fil des années –, au cœur de mes préoccupations sur la genèse de l'action et son rôle dans la compréhension du comportement des autres. Comme on l'a vu ailleurs dans ce chapitre, les mouvements que nous observons chez les autres sont traités comme si nous les produisions nous-mêmes. S'ils peuvent être à ce point « compris » par un observateur extérieur, c'est parce qu'ils activent ses représentations motrices et non ses représentations perceptives. Le contenu cinématique d'un mouvement (ses accélérations, sa vitesse, sa fluidité) échappe en effet au traitement réalisé par la perception visuelle consciente. Seule l'activation automatique du système moteur de l'observateur (la simulation motrice telle que je l'ai décrite plus haut), peut lui donner accès à la compréhension d'une action et des mouvements qui la composent.

Une action n'est d'ailleurs pas constituée que de mouvements. Elle implique aussi la mise en jeu du système végétatif, le système qui contrôle les réactions viscérales automatiques. L'effort produit par l'agent au cours de son

---

20. Le chef d'orchestre Karl-Anton Rickenbacher, un des meilleurs spécialistes de l'œuvre d'Olivier Messiaen. Je tiens à le remercier ici de m'avoir fait partager ses connaissances et ses émotions artistiques.

action modifie en effet son rythme cardiaque et sa fréquence respiratoire. Nous avons pu montrer qu'il en est de même chez quelqu'un qui n'exécute pas l'action, mais se contente de l'observer. Lorsque nous observons un marcheur ou un coureur, nous ressentons son effort comme si nous étions nous-mêmes en train de marcher ou de courir, et notre fréquence respiratoire augmente proportionnellement à cet effort[21]. Là encore, on peut difficilement imaginer une telle mise en jeu d'un système aussi automatique que le système végétatif par la seule voie de la perception visuelle : pour comprendre l'effort, il ne suffit pas de le voir, il faut pouvoir l'éprouver soi-même. C'est ce qui se passe pendant le concert : le spectateur « joue » en même temps que l'orchestre, il respire en phase avec le chef d'orchestre. Ce partage de rythme traduit le fait que les représentations motrices que construit le spectateur épousent le même format que les mouvements des interprètes : leurs représentations motrices respectives ont des propriétés communes qui les rendent directement transférables des uns aux autres.

Je ressens aussi cette proximité de l'expression artistique et de la physiologie de l'action dans le spectacle de la danse[22]. Le danseur est par excellence le corps-artiste. Comme le chef d'orchestre, il crée le temps par ses mouvements, mais il déploie aussi le spectacle de l'espace. En ce sens, sa performance est plus expressive, moins éthérée que les gestes de la musique. Elle porte sur des sentiments directement suggérés par la chorégraphie : joie, douleur,

---

21. C. Paccalin et M. Jeannerod, 2000.

22. J'ai suivi pendant une vingtaine d'années les travaux de la compagnie de danse fondée et dirigée par Michel Hallet-Eghayan, Les Échappées belles, en assistant aux répétitions et aux spectacles et en participant à l'enseignement dispensé aux élèves danseurs.

extase, et suscite chez le spectateur des réactions que celui-ci peut identifier en les éprouvant dans son corps. John Martin, un des premiers théoriciens de la danse « expressionniste » moderne, avait déjà eu, vers 1930, l'intuition que le danseur et son spectateur communiquent par l'intermédiaire de leurs représentations motrices. Il utilisait le terme de *metakinesis* pour rendre compte de la transmission des émotions et des sentiments par le mouvement[23]. Selon lui, le spectateur pouvait comprendre ce qu'exprime le danseur (son état émotionnel, sa subjectivité) parce que le mouvement rend accessible des représentations qui sont partagées par le spectateur. Nous aurons l'occasion de revenir plus longuement au chapitre 7 sur cette notion de partage à propos de l'*Einfühlung* de Theodor Lipps, psychologue viennois de la fin du XIXe siècle. Lipps utilisait ce terme, qu'on peut traduire en français par « empathie », pour exprimer la possibilité d'accéder au contenu implicite d'une œuvre d'art en se mettant en quelque sorte « dans la peau » ou « à la place » de l'artiste. C'est le rôle que joue la performance du danseur. Lorsque, par empathie, il communique sa représentation au spectateur, il est source de plaisir et d'émotion esthétique : il devient le véhicule de la beauté.

L'action, ne l'oublions pas, n'est pas toujours visible. Avant d'être exécutée, ou en dehors même de toute exécution, elle fait partie du domaine privé de l'agent. Elle existe sous la forme d'une simulation, par son système moteur, d'une action en devenir, où la cinématique et les forces qui la composent sont, en quelque sorte, essayées avant de passer à l'acte proprement dit. Ce processus est la plupart du temps implicite et automatique (le système moteur le met en œuvre sans que nous le sachions), mais peut aussi être

---

23. J. Martin, 1991.

Le danseur et chorégraphe Michel Hallet-Eghayan en juillet 2010. © Henriette Ponchon de Saint-André – L'Atelier d'Images.

exploité consciemment, sous la forme d'images mentales, les images motrices dont j'ai parlé plus haut. L'image motrice consciente a un contenu très appauvri par rapport au mécanisme automatique, ce n'est sans doute qu'une fenêtre ouverte sur le fonctionnement du système moteur : mais son existence rend possible l'exploitation du processus de simulation à des fins d'entraînement et d'amélioration des performances. Les psychologues du sport utilisaient depuis longtemps cette technique (sans en comprendre les bases physiologiques) pour l'entraînement « mental » des sportifs de haut niveau. Aujourd'hui, l'entraînement mental, dûment codifié et validé, est utilisé comme méthode de réhabilitation de patients présentant des troubles de la motricité. Pour ma part, j'ai questionné beaucoup de musiciens à ce sujet : j'ai pu constater qu'ils sont nombreux à pratiquer la répétition mentale de l'œuvre qu'ils sont en train de travailler, ou qu'ils vont jouer prochainement. Karl-Anton lui-même, le chef d'orchestre, m'a confié un jour que, lorsqu'il se prépare à diriger une œuvre, il part sur un chemin de montagne et rejoue la partition dans sa tête en marchant.

Je rapporte ici le témoignage spontané et si évocateur d'une cantatrice qui a découvert par elle-même l'intérêt de cette technique d'entraînement mental, dont elle a fait sa pratique quotidienne. C'est une artiste lyrique[24] qui interprète essentiellement des œuvres de compositeurs contemporains comme Georges Aperghis ou Pascal Dusapin, musique d'une complexité rythmique et tonale parfois redoutable. Dans son courriel, elle écrivait : « J'ai pris l'habitude de ne travailler mes partitions que dans ma tête : c'est-à-dire que je lis chaque note de la partition, et tant que je n'entends pas *intérieurement* tout ce que le compositeur me demande, je ne passe pas à la note suivante. Je n'émets aucun son pendant ce travail [...]. J'ai ainsi travaillé une partition de Georges Aperghis pendant plus de six mois sans m'autoriser un seul son. Dix jours avant le concert, je me suis dit qu'il était grand temps, et non sans appréhension j'ai commencé à chanter : *Les Récitations* (le titre de l'œuvre) sont sorties sans aucun problème, la justesse était là, le mode de jeu aussi et surtout une incroyable aisance à les faire ! » Elle éprouve une sensation de très grande liberté, une évidence, « comme si ces heures de non-son, qui sont loin d'être du silence dans ma tête, s'imprimaient dans mon corps ». « J'ai constaté que je n'arrive à rien si mon corps est tendu où que ce soit (dos, nuque) même de manière inconsciente. C'est uniquement quand je *pense sans faire* que je peux trouver cette détente et donc que mon idée peut s'imprimer dans mon corps. » « De l'idée, rien que ça », concluait Donatienne. Je ne saurais mieux dire...

---

24. Donatienne Michel-Dansac. Je reproduis ses propos avec son aimable autorisation.

CHAPITRE 5

Ma révolution cognitive

Ce qu'il est convenu d'appeler la révolution cognitive est-elle bien, comme je l'ai écrit au début de cet ouvrage, un événement scientifique fondateur, un de ces changements de paradigme ne survenant pas plus d'une ou deux fois par siècle dans une discipline donnée ? Ou bien n'est-ce qu'une de ces révolutions de salon bostonien ou californien qui, de temps à autre, remettent en question quelques certitudes qui semblaient bien établies ? Pour ses détracteurs, la révolution cognitive ne faisait que rejouer un air connu, celui du physicalisme, lorsqu'elle se donnait pour objectif d'identifier les règles de fonctionnement de machines, idéales ou réelles, artificielles ou vivantes, susceptibles de traiter de l'information. C'est ainsi que Karl Lashley, au cours d'une des réunions fondatrices des années 1950, avait énoncé une sorte de profession de foi à laquelle il avait demandé à tous les participants d'adhérer : « Tous les phénomènes du comportement et de l'esprit peuvent et doivent être décrits en termes de mathématique et de physique. »

Il est vrai que les sciences cognitives à leur début ont été dominées par la métaphore de l'ordinateur. L'idée fondatrice était alors que penser, c'est calculer ; que calculer, c'est manipuler des symboles ; et donc, que la pensée est une activité symbolique détachée de la réalité biologique. Par cet enchaînement logique, on en arrivait à assimiler dans une même catégorie la cognition artificielle, résultat du fonctionnement d'ordinateurs, et la cognition naturelle, qui découle du fonctionnement de cerveaux biologiques : l'une et l'autre étaient supposées être les produits de machines pensantes, c'est-à-dire d'ensembles physico-mathématiques doués de la propriété de calculer en manipulant des symboles. Même si cette métaphore a été clairement rejetée par la suite, elle est demeurée une source de malentendu persistant.

La révolution chomskyenne

Ma propre conception de la révolution cognitive est à l'abri de ces critiques. Pour moi, son début date de 1959, c'est-à-dire de l'année où Noam Chomsky avait lancé sa virulente (et hilarante) critique du livre de B. F. Skinner sur le langage, publié deux ans plus tôt[1]. Skinner était alors le représentant puissant et respecté du courant dominant de la psychologie, le béhaviorisme, théorie fondée sur une « analyse fonctionnelle » du comportement : le psychologue devait, selon lui, s'évertuer à prédire et à contrôler le comportement d'un sujet à partir de l'observation et de la manipulation de son environnement. En d'autres termes, il pensait lui-même pouvoir rendre compte du comportement, y compris verbal (le langage), par l'intervention des seuls fac-

---

1. N. Chomsky, 1959.

teurs extérieurs au sujet, les stimulations présentes dans son environnement et l'historique des renforcements qu'il avait obtenus lors de ses réponses à ces stimulations. Chomsky avait ridiculisé cette position en montrant que l'acquisition du langage par l'enfant ne pouvait relever de réponses à des stimulations. Elle était même, affirmait-il, typique d'un non-apprentissage : pas de répétition, pas de renforcement. L'enfant entend en effet rarement la même phrase plusieurs fois, et devient de lui-même capable d'en fabriquer qu'il n'a jamais entendues auparavant.

Plus encore que la réfutation du béhaviorisme, ce qui m'intéressait lorsque j'ai pris connaissance des travaux de Chomsky autour de 1970, c'était la contre-proposition qu'il formulait pour tenter de refonder la psychologie : d'elle découlent en effet les progrès des (neuro)sciences cognitives telles que nous les connaissons aujourd'hui. Dès 1959, Chomsky soutenait ainsi que les capacités remarquables dont fait preuve le tout jeune enfant au cours de l'acquisition du langage ne pouvaient s'expliquer qu'à partir d'une structure où ces capacités seraient représentées dès avant la naissance, même si elles devaient ensuite se développer et se stabiliser au contact de l'environnement. Sa position était fortement influencée par les éthologistes (Thorpe, Lorenz, Tinbergen) qui, à la même époque, redécrivaient le comportement animal à partir de la notion de comportements instinctifs innés. Au béhaviorisme se substituait ainsi une nouvelle vision, celle d'une science des formes innées de la pensée humaine, une sorte de science pure selon l'idéal kantien. Dans une conférence prononcée à Berkeley en 1967, Chomsky se demandait quelle structure initiale doit posséder l'esprit pour pouvoir construire une grammaire aussi complexe que celle des langues naturelles. Sa réponse était que la structure innée qui permet cette construction devait être « une capacité spécifique de l'espèce, essentiellement indépendante de l'intelligence[2] ».

Lors du débat qui l'opposait à Jean Piaget, en 1975 à l'abbaye de Royaumont, il avait affirmé que « nous faisons partie d'une espèce [...] qui possède ce que nous appelons un état initial, c'est-à-dire un état antérieur à l'expérience, propre à l'espèce[3] ». Au cours de son développement l'individu parvient ensuite à un état stable, en général autour de l'âge de la puberté. La tâche du psychologue est alors de se demander « quelle est la nature de l'état stable atteint et ce qu'a dû être le caractère de l'état initial pour que cet état stable soit atteint compte tenu de la nature de l'expérience vécue ». De son côté, Piaget réfutait l'idée de ce « noyau fixe inné » au profit d'une construction de l'intelligence par ouverture successive de nouvelles possibilités, plutôt que par l'actualisation progressive d'un ensemble de possibles donné dès le départ. Sans revenir sur le cœur de ce débat, on sait maintenant la fortune qu'a connue l'hypothèse de Chomsky en psychologie : le contenu de l'état initial n'a cessé de se préciser et de s'enrichir bien au-delà de la faculté de langage. Des expériences ont montré que l'enfant de quelques semaines possède déjà un savoir naïf, une connaissance implicite des propriétés physiques des objets, qui lui permettent d'organiser le monde qu'il perçoit : tout autant qu'un adulte, il est dérouté par les événements perceptifs incongrus (un objet qui passe à travers un autre), comme savent en fabriquer les expérimentateurs. De même, la mise en place des mécanismes de la « psychologie naïve », qui permettent à l'enfant de 3 ou 4 ans d'interpréter les états mentaux des autres, débute dès l'âge de

---

2. N. Chomsky, 1968.
3. On peut relire ce débat dans M. Piatelli-Palmarini (éd.), 1979.

quelques jours avec la préférence pour les visages humains ou les capacités d'imitation observées chez le nouveau-né.

Les études portant sur le fonctionnement cérébral (ce qui allait s'appeler les neurosciences après 1970) suivaient une voie parallèle. Dès 1963, en effet, David Hubel et Torsten Wiesel avaient constaté que les neurones du cortex visuel de chatons enregistrés avant toute expérience visuelle (avant l'ouverture normale des yeux autour du huitième jour chez ces animaux) étaient déjà capables de détecter des stimuli visuels complexes. Une période de consolidation (la période critique) était ensuite nécessaire pour que la réponse persiste et se stabilise à l'état adulte. Il s'agissait donc bien de la démonstration d'un état neuronal initial indépendant de l'expérience sensorielle, en parfait accord avec la thèse chomskyenne du développement cognitif, à laquelle ils apportaient une confirmation biologique.

La notion d'état cognitif et cérébral traduisant l'existence d'un contenu indépendant des apports extérieurs a rapidement débordé la période de développement pour s'étendre à l'ensemble de la cognition et du comportement. De la même façon que l'esprit de l'enfant a déjà un contenu à la naissance, l'esprit du sujet adulte doit lui aussi posséder un contenu mental autonome. Si tel est bien le cas, il devient alors possible d'envisager l'existence d'états mentaux endogènes fonctionnant selon des règles précises et identifiables. Ces règles sont à l'œuvre dans la perception, l'action, la communication entre les individus : elles nous permettent de construire la représentation du réel à la base de notre fonctionnement cognitif. Les neurosciences cognitives se sont efforcées de décrire la structure de cet état interne du sujet. Les techniques de neuro-imagerie se sont d'ailleurs développées en grande partie en fonction de cet objectif : voir l'esprit fonctionner en temps réel et en liberté, c'est-à-dire sans relier son fonctionnement à des stimulations venues de l'extérieur. Dans ces expériences de neurosciences cognitives, le sujet ne reçoit plus une stimulation à laquelle il doit répondre, il reçoit une instruction : effectuer un calcul, évoquer un souvenir, faire un choix dans un dilemme moral, effectuer une décision lexicale, préparer une action. La carte des zones cérébrales entrant en activité lors de ces opérations cognitives révèle la localisation et la forme du réseau mis en jeu, mais aussi les indices pris en compte par le sujet pour effectuer l'opération. L'organisation de notre cerveau, dès notre naissance, détermine ainsi notre champ des possibles. De lui dépendent la structure de notre système cognitif, nos capacités d'acquisition d'informations nouvelles et la forme de notre comportement. La rencontre de la psychologie et des neurosciences a construit une vision nouvelle de l'homme et de ses rapports avec le monde qui l'entoure.

S'il fallait donc dater le changement de perspective qui a donné naissance aux neurosciences cognitives modernes, je le ferais remonter au début des années 1960 et c'est du côté de la psychologie que je localiserais l'événement fondateur. Le coup d'éclat de Chomsky était contemporain des débuts de George Miller au Center for Cognitive Studies de Harvard, et de la naissance du département du MIT où s'illustrait Hans Lukas Teuber. L'institutionnalisation des recherches sur la cognition s'est poursuivie aux États-Unis tout au long des années 1960, et a été marquée par la parution d'ouvrages fondateurs comme *Cognitive Psychology* d'Ulrich Neisser en 1967 ou par les premiers travaux d'Herbert Simon autour de 1969. Et c'est finalement en 1976 que le programme de l'Alfred P. Sloan Foundation vit le jour. Il était destiné à favoriser, par des financements substantiels, des recherches à l'intersection de plusieurs approches de la cognition, dont la psychologie, les neurosciences, la linguistique, la philosophie.

Les sciences cognitives
en France

En France, la nécessité d'organiser ce domaine de recherches ne s'est imposée que de manière lente et progressive, et les efforts dans ce sens entrepris à divers niveaux n'ont finalement abouti qu'autour de 1990, à la suite d'un vaste débat scientifique et institutionnel. D'une part, en effet, le contenu même du domaine des sciences cognitives posait le problème épistémologique d'une approche scientifique du fonctionnement de l'esprit et des modalités à mettre en œuvre pour y parvenir. D'autre part, l'introduction d'un nouveau domaine scientifique posait le problème institutionnel de sa délimitation et de ses relations avec les autres disciplines concernées. Ce débat avait été matérialisé par un ensemble d'initiatives prises par les instances responsables de la recherche dans la seconde moitié des années 1980, qui avaient clairement insisté sur la nécessité d'une orientation interdisciplinaire des recherches sur la cognition. Parmi ces initiatives, un groupe de réflexion sur les « sciences de la communication », créé par le département des sciences humaines et sociales du CNRS et pilotée par Dominique Wolton, a joué un rôle de précurseur dès 1984. Un appel d'offres intitulé « Intelligence artificielle et sciences cognitives », avait été lancé dans le cadre de cette initiative et avait financé quelques projets. L'action de Dominique Wolton favorisait la tendance « orthodoxe » des sciences cognitives en donnant la primauté à l'intelligence artificielle et en excluant les neurosciences. Un autre groupe de travail avait toutefois été mis en place au même moment par le CNRS sur « informatique et neurosciences ». Sous la responsabilité de

Claude Kordon, ce groupe devait déboucher à l'automne 1985 sur une proposition, non suivie d'effet à l'époque, de réseau sans murs regroupant un petit nombre d'équipes de neurobiologie, d'intelligence artificielle et d'épistémologie.

Au niveau européen, un programme expérimental dans le domaine de la science et de la technologie avait fixé parmi ses objectifs pour les années 1985-1986 une réflexion sur les perspectives des sciences cognitives. Dans le document de présentation, les sciences cognitives étaient définies comme une approche ayant pour objet l'étude de « l'intelligence humaine, y compris sa structure mathématique, sa réalisation psychologique, son substrat neuronal ». Les disciplines concernées, d'après ce document, relevaient de la neuropsychologie, de la psychologie expérimentale, de la linguistique théorique, de la philosophie analytique, de la cybernétique. L'impact potentiel des sciences cognitives sur le domaine des relations homme-machine était par ailleurs mis en avant. Un groupe de réflexion présidé par Michel Imbert organisa en 1985 une rencontre européenne[4] rassemblant une soixantaine de participants et coordonna la rédaction d'un rapport. On voit clairement apparaître dans ce rapport une distinction « hétérodoxe » entre intelligence biologique et intelligence artificielle : c'est du côté de l'intelligence biologique que les auteurs préconisaient de concentrer les efforts de recherche.

C'est finalement au niveau ministériel qu'a été prise l'initiative décisive : dans le cadre d'une action « sciences de la cognition » du ministère de la Recherche, un rapport a été demandé à Jean-Pierre Changeux qui avait réuni un comité scientifique et formulé des recommandations sur la façon de structurer le domaine de recherche représenté par

---

4. Voir M. Imbert *et al.*, 1987.

les sciences cognitives. Ce rapport insistait particulièrement sur le rôle de la psychologie cognitive et des neurosciences comme bases permettant de structurer un
ensemble plus vaste de disciplines, où voisinaient, d'une
part, la psychologie sociale, l'économie politique, la linguistique générative, l'anthropologie cognitive, la philosophie et, d'autre part, l'étude des réseaux de neurones arti-
ficiels. Le chapitre sur les actions à entreprendre contenait
un ambitieux programme qui sera, pour l'essentiel, réalisé :
ce programme incluait la création d'une action concertée à
long terme sur les sciences cognitives, la mise en place de
bourses de formation, la création d'enseignements spécifiques, d'une bibliothèque. Le rapport préconisait enfin la
création d'instituts de sciences cognitives « où l'interdisciplinarité caractéristique des sciences cognitives puisse relever de la pratique quotidienne » et où les compétences et
les moyens techniques puissent être mis en commun.

On voit bien, si on retient la date de 1976 comme référence pour le début institutionnel des sciences cognitives
aux États-Unis, que les initiatives françaises dans le même
domaine souffraient d'un retard de plus de dix ans, sinon
pour ce qui est de la prise de conscience du problème, du
moins pour ce qui est du passage aux réalisations pratiques. Un programme interdisciplinaire de recherche intitulé « Cognisciences », dirigé par André Holley, avait en
effet été lancé par le CNRS en 1990 : c'est dans ce cadre
qu'avaient été financés des réseaux régionaux de sciences
cognitives, qui avaient débuté leur activité la même année.
Quant à l'Institut des sciences cognitives dont il va être
question plus loin, sa création a été décidée au cours de
l'année 1992.

Le caractère tardif de ces réalisations ne tenait pourtant
pas à un déficit d'information des milieux scientifiques

concernés. Dès les années 1970, en effet, des précurseurs avaient attiré l'attention de la communauté par des actions marquantes mettant en contact les chercheurs français avec la réalité internationale. J'ai déjà mentionné la rencontre entre Piaget et Chomsky organisée en 1975 par la Fondation Royaumont à l'abbaye du même nom, au cours de laquelle biologistes, mathématiciens, psychologues et philosophes avaient pu confronter leurs idées dans une ambiance qui n'était peut-être pas très différente de celle des rencontres de la Macy Foundation, qui avaient lancé la révolution cognitive aux États-Unis. Cinq ans plus tard, en juin 1980, l'abbaye de Royaumont était le théâtre d'une nouvelle manifestation, sous la forme d'un colloque international rassemblant les principaux acteurs de la psychologie cognitive. La lettre d'invitation rédigée par Jacques Mehler, l'organisateur du colloque, précisait que son but était d'« explorer les principales approches du traitement cognitif [...] et de définir les domaines dans lesquels les progrès les plus importants peuvent être attendus dans les cinq ou dix ans à venir[5] ». Formé aux États-Unis dans le cadre du laboratoire de George Miller, Jacques Mehler avait également fréquenté les laboratoires de Teuber et de Piaget. Arrivé en France autour de 1968, il avait fondé la revue *Cognition*, devenue l'une des principales revues de psychologie cognitive, dont les premiers numéros furent publiés en 1969.

La prudence des instances dirigeantes et leur lenteur à réagir dans ce domaine de la recherche tiennent à plusieurs facteurs. Le moindre n'est pas la division du CNRS et des autres instances scientifiques françaises représentatives en sections scientifiques spécialisées. Les sciences cognitives émergeaient simultanément aux départements

---

5. J. Mehler *et al.*, 1982 ; J. Mehler et E. Dupoux, 1990.

Le groupe des Trieste Encounters in Cognitive Science (TECS), créé à l'initiative de Jacques Mehler et Daniele Amati, a fonctionné une dizaine d'années entre 1990 et 2000 en organisant à Trieste de nombreux colloques interdisciplinaires sur des thèmes de science cognitive.
On reconnaît sur la photo des spécialistes de neurosciences, des psychologues, linguistes, philosophes. Premier rang, de gauche à droite : Chris Frith, Marc Jeannerod, Patricia Goldman-Rakic. Second rang, de gauche à droite : Jacques Mehler, Annette Karmilof-Smith, Paolo Viviani, Tim Shallice, Jonathan Cohen. En haut, de gauche à droite, Verne Caviness, Melwynn Goodale, John Marshall, Luigi Rizzi, John Morton.

des sciences de la vie, des sciences de l'homme et de la société, et des sciences pour l'ingénieur. Où situer dans la classification des sciences, par qui faire évaluer et comment financer un projet qui se serait réclamé de ce domaine ? La nécessaire interdisciplinarité, même prônée par maints comités de réflexion et maints rapports, n'a été reconnue, sous la forme de sections « transversales » ou d'un nouveau département du CNRS, qu'au début des années 2000 ! Au cours de la décennie précédente, il n'avait été question que de l'impérialisme supposé d'une discipline vis-à-vis des autres et de la revanche à prendre sur cette discipline lors de la prochaine alternance. C'est ainsi qu'au programme « cogniscience » accusé de favoriser les neurosciences avait succédé le programme « sciences de la cognition » dominé par l'intelligence artificielle, lequel avait laissé place au programme « cognitique » dominé par les sciences humaines. Un autre facteur, plus indirect, de cette lenteur à répondre à l'émergence d'une nouvelle discipline est l'absence en France de fondations privées suffisamment structurées et surtout, suffisamment puissantes financièrement pour pouvoir intervenir dans les choix scientifiques. De telles fondations, on l'a vu, ont joué ailleurs un rôle déterminant d'anticipation et de stimulation des instances institutionnelles[6].

La création d'un Institut des sciences cognitives faisait partie des recommandations du rapport rédigé par Jean-Pierre Changeux. Je ne sais toujours pas ce qui m'a qualifié pour être nommé responsable de ce projet. Je n'avais pas fait partie des groupes de travail préliminaires, à l'exception du groupe de réflexion sur la communication ; j'étais, certes, proche de Jacques Mehler et en contact étroit avec le département de Teuber au MIT mais, comme on l'a vu, ce n'est pas de ce côté-là que venait l'initiative française ; mon domaine de recherches se situait à l'interface entre neurosciences et psychologie, mais comme on le verra, ce n'était pas cette interdisciplinarité-là qui était attendue par la partie la plus influente de la communauté nationale. Toujours est-il que j'avais reçu en juin 1992 une lettre de mission me confiant la création de cet institut dont la loca-

---

6. Sloan Foundation, McDonnell Foundation aux États-Unis, Wellcome Trust au Royaume-Uni, Volkswagen Stifftung en Allemagne, etc.

lisation à Lyon avait été décidée lors d'un conseil intermi-
nistériel tenu dans cette ville en janvier 1992. Cette décision, je m'en souviens, avait soulevé de sourdes réticences
de la part de certains de mes collègues parisiens. Dans le
feu de l'action, j'avais accepté de relever ce défi, sans peut-
être réfléchir de manière assez approfondie à toutes ses
implications. Je tente ici de retracer les discussions et les
négociations qui ont marqué la mise au point du programme scientifique de l'Institut entre la fin de 1992 et le
recrutement des premiers chercheurs en 1995, puis sa mise
en œuvre à partir de 1997.

Cognition artificielle
et cognition naturelle

Il était donc classiquement admis par les tenants du
modèle cognitiviste orthodoxe que les processus cognitifs
doivent être considérés indépendamment de toute incarna-
tion particulière dans un support, biologique ou autre. On
retrouve ce dogme de l'irréductibilité de la cognition à son
support physique dans de nombreuses formulations disci-
plinaires : en informatique, les opérations logiques du
software sont censées ne rien devoir à la constitution du
hardware ; en neurosciences, les états mentaux devraient
pouvoir être décrits séparément de la constitution du cerveau. Un même état cognitif (une même opération logique)
peut être l'objet de plusieurs réalisations différentes selon
le système dans lequel il est implémenté (le concept de
multiple realisability), mais qui aboutissent toutes au même
résultat. En suivant cette thèse, il n'y avait donc pas lieu de
faire une distinction entre les processus cognitifs réalisés

par des machines (la cognition « artificielle ») et ceux réalisés par des systèmes biologiques, comme le cerveau (la cognition « naturelle »). Le choix a pourtant été fait de privilégier la seconde par rapport à la première de ces deux modalités. Les arguments avancés pour justifier ce choix étaient de plusieurs ordres. D'un côté, il paraissait illusoire de vouloir créer un nouveau pôle attractif dans le domaine de l'intelligence artificielle en dehors des centres existants et possédant déjà une véritable masse critique ; d'un autre côté, l'étude des processus cognitifs en relation avec le support biologique paraissait correspondre à une demande dans plusieurs domaines critiques qui justifiait une approche concertée par des spécialistes de disciplines différentes. Les mécanismes du langage, ceux de la représentation de l'intention et de l'action, les mécanismes de la reconnaissance et de la mémorisation, les émotions, étaient parmi ces problèmes. On notera que tous avaient un impact direct sur des thèmes de société, qu'il s'agisse du développement cognitif et de l'éducation, des dysfonctionnements de la cognition et de la pathologie mentale, de la représentation des connaissances et de la communication. Ainsi, à côté de l'impact déjà clairement reconnu des sciences cognitives sur la technologie et l'industrie, se dessinaient de nouveaux domaines où elles semblaient appelées à jouer un rôle important, en tout premier lieu ceux de la santé et de l'éducation. Ces arguments en faveur d'un programme limité à l'étude de la cognition naturelle étaient apparus relativement secondaires, aux yeux des détracteurs du projet, par rapport à la violation supposée de la notion d'une cognition « unique » au travers de ses différents domaines et de ses différentes expressions. La communauté représentée par le département des sciences pour l'ingénieur du CNRS s'était montrée, comme on pouvait s'y attendre, particulièrement ferme sur ce point. Le fait que ce choix ait été par la suite confirmé avait d'ailleurs eu pour conséquence un désengagement complet de ce département du financement de l'Institut.

Annonce du colloque d'ouverture de l'Institut des sciences cognitives en 1998. On peut voir que le thème de la « cognition naturelle » était clairement affiché.

À l'opposé, d'autres critiques, tout aussi virulentes mais plus vagues, venaient de spécialistes de certaines des disciplines impliquées, qui craignaient qu'une interdisciplinarité étendue à un trop grand nombre de secteurs scientifiques n'aboutisse à un programme confus et inefficace. On pouvait reconnaître parmi ces critiques la trace d'un doute persistant sur l'existence même des sciences cognitives, considérées comme un assemblage artificiel sans but défini et destiné avant tout à créer de nouvelles opportunités tactiques en matière de postes ou de crédits de recherche. Les critiques portaient également sur des aspects plus théoriques : certains redoutaient une dérive des sciences cognitives vers une réduction physicaliste, qui aurait risqué de masquer ou de déformer la réalité des processus cognitifs en les ramenant à des équations mathématiques ; certains, au contraire, qui pensaient que le but de toute science naturelle est de chercher l'explication des phénomènes au niveau le plus élémentaire possible, jugeaient l'approche cognitive trop globale et détachée de la base cellulaire et moléculaire du fonctionnement nerveux ; d'autres encore considéraient que l'étude même des états mentaux et des représentations était entachée de trop de subjectivisme pour pouvoir prétendre à une description réellement scientifique de ces problèmes ; d'autres, enfin, formulaient la critique inverse, redoutant la fin de la psychologie individuelle et qualifiaient l'approche des sciences cognitives de « lobotomie théorique ». Je reviendrai ailleurs sur cette critique-là au chapitre 7 lorsqu'il sera question de psychiatrie et de psychanalyse.

Une grande partie de ces critiques, particulièrement celles qui portaient sur la notion d'interdisciplinarité ou celles qui témoignaient de la crainte d'une évolution vers le physicalisme, s'adressaient à la conception orthodoxe du domaine des sciences cognitives tel qu'il s'était structuré au moment de sa formation aux États-Unis dans l'immédiat après-guerre. Quarante ans plus tard, ces arguments perdaient de leur pertinence du fait des profondes transformations qu'avaient subies les disciplines constitutives. Les promoteurs les plus influents des sciences cognitives à leur début, mathématiciens pour la plupart, avaient axé leurs efforts sur une définition des processus cognitifs et du traitement de l'information en termes d'opérations sur des symboles. Le système nerveux lui-même était alors conçu comme un système de traitement fonctionnant sur ce principe de « tout ou rien ». Il paraissait donc logique à ces précurseurs d'assimiler le cerveau à d'autres systèmes, existants ou à venir, opérant sur le même type de traitement symbolique : penser ou raisonner ne serait rien d'autre que calculer, pour reprendre l'adage classique déjà mentionné plus haut. Par la suite, la déception engendrée par l'évolution de l'intelligence artificielle, d'une part, et le développement explosif des neurosciences, d'autre part, ont radicalement transformé les idées issues de la révolution des années 1950. Dès les premières années, d'ailleurs, des doutes s'étaient élevés sur l'analogie entre le système cognitif et des programmes informatiques trop peu enclins, selon l'expression d'Ulrich Neisser, à la distraction et à l'émotion. Lashley lui-même s'était posé la question de savoir si la science cognitive devait utiliser l'ordinateur pour comprendre le savoir humain, ou le cerveau pour comprendre l'ordinateur ! En fait, comme le fait remarquer Howard Gardner dans son *Histoire de la révolution cognitive*[7], publiée aux États-Unis en 1985, l'application rigoureuse des modèles tirés de l'informatique a paradoxalement

---

7. H. Gardner, 1993.

aidé les scientifiques à comprendre en quoi les processus cognitifs des êtres humains ne ressemblent pas à ceux des ordinateurs. « Le type de vision systématique, logique et rationnelle de la cognition humaine qui a envahi la littérature des débuts de la science cognitive, disait-il, ne décrit pas convenablement la pensée et le comportement humains[8]. »

Le fait est qu'aujourd'hui la comparaison entre cerveau et ordinateur révèle plus de différences que de similitudes. Les ordinateurs fonctionnent sur le principe du tout ou rien, en alignant très rapidement des symboles digitaux produits par des circuits intégrés. Dans le cerveau, en revanche, l'information est le produit de l'intégration d'une multitude de variables physico-chimiques – des courants ioniques traversant les canaux de la membrane des neurones. L'activité d'un neurone qui résulte de ces courants ioniques est bien, dans une certaine mesure, du type tout ou rien, mais le neurone n'est pas isolé, il fonctionne au sein de populations où de nombreux éléments agissent en parallèle. Le résultat final de ce traitement est donc de nature probabiliste, si bien que la contribution d'un seul neurone est négligeable et que, contrairement à ce qui se passe dans un ordinateur, aucun neurone n'est, en lui-même, nécessaire au bon fonctionnement de l'ensemble.

Des modèles physiques plus réalistes du traitement neuronal ont été imaginés par la suite : ce sont les modèles connexionnistes qui possèdent certaines des caractéristiques du réseau nerveux biologique, en particulier celle de traiter l'information selon des voies parallèles (on parle de réseaux « neuromimétiques »). Leur existence même, toutefois, et le fait qu'ils sont éventuellement capables de don-

---

8. *Ibid.*, p. 60.

ner des réponses à des questions cognitives sont en contradiction avec la notion de traitement symbolique, fondé sur un fonctionnement séquentiel, qui représente l'attribut principal du traitement de l'information dans la version cognitiviste classique. Le fonctionnement même de ces réseaux s'inspire d'ailleurs des connaissances acquises au cours des dernières décennies sur le fonctionnement du système nerveux : traitement de type analogique plutôt que digital, importance de l'organisation spatiale, introduction de la notion de « poids synaptique » pour rendre compte d'un filtrage partiel des informations au niveau des connexions, autant de caractéristiques qui distinguent définitivement le mode de fonctionnement de ces réseaux de celui des ordinateurs classiques.

Le choix de la cognition naturelle comme cadre de référence pour l'Institut avait donc pour corollaire une forte participation des neurosciences, aussi bien expérimentales que cliniques. L'évolution d'une partie des neurosciences (les neurosciences cognitives) avait créé des conditions nouvelles pour l'étude des processus mentaux. Sous l'influence de la psychologie, le vocabulaire cognitif avait été réintroduit dans les paradigmes expérimentaux pour l'étude des fonctions du cortex cérébral. Grâce à l'introduction des techniques de neuro-imagerie, le niveau molaire de description pouvait se substituer au niveau moléculaire dominant. Des concepts tels que ceux d'ensembles de neurones ou de réseaux étaient apparus et avaient acquis droit de cité. Ils permettaient d'envisager l'élaboration d'une théorie dynamique du fonctionnement nerveux compatible avec le niveau des phénomènes cognitifs. Dès lors, la recherche en psychiatrie (la psychopathologie) entrait de plein droit dans les compétences du nouvel institut. Les psychiatres du centre hospitalier du Vinatier avaient favorablement accueilli le projet, qui devait finalement s'implanter sur une parcelle de leur terrain mitoyenne de l'hôpital neurologique. Ainsi les sciences cognitives se trouvaient-elles géographiquement (et symboliquement) situées à mi-chemin entre la neurologie et la psychiatrie !

Un autre choix déterminant avait été d'introduire la philosophie comme élément constitutif du programme initial. La création officielle de l'Institut avait de fait été précédée de celle d'une structure provisoire sous la responsabilité du philosophe Pierre Jacob. L'introduction dans l'étude de la cognition naturelle d'une dimension philosophique a donc permis dès le début du fonctionnement du groupe de donner un sens au concept abstrait de « naturalisation » des états mentaux. La fonction principale du système cognitif, j'en suis convaincu, est de fabriquer des représentations en utilisant les données fournies par les organes des sens ou les données stockées en mémoire et qui constituent nos connaissances et nos croyances. La notion de naturalisation postule que ces représentations sont des objets naturels, et qu'à ce titre elles possèdent, non seulement des propriétés physiques comme n'importe quel autre objet, mais aussi des propriétés sémantiques. La représentation d'une action (une intention), par exemple, possède à la fois des propriétés physiques (l'activation d'un ensemble de circuits nerveux dans le cerveau) et des propriétés sémantiques (le contenu de cette intention, le but à atteindre[9]). Les propriétés sémantiques sont largement indépendantes du support physique : si l'on prend comme exemple le texte de ce chapitre, ses propriétés sémantiques seront les mêmes, que le texte soit imprimé sur un support

---

9. Ici, je fais miennes les idées développées par Pierre Jacob dans son livre *Pourquoi les choses ont-elles un sens ?* (P. Jacob, 1997).

papier ou inscrit sur un disque dur. Toutefois, ces propriétés ne peuvent exister indépendamment d'un support. En d'autres termes, il n'y a pas de sens qui flotte entre deux implémentations. Le problème que se posent les chercheurs en sciences cognitives est donc de savoir comment des propriétés non sémantiques (physiques) peuvent produire des propriétés sémantiques, ou, à l'inverse, comment le contenu sémantique d'une représentation peut être *naturalisé* en termes de propriétés physiques du réseau nerveux. Cette naturalisation vise à faire de l'activité mentale, celle qui constitue nos représentations, la production, ou la conséquence, de l'activité cérébrale : ce n'est qu'à partir de là qu'on peut tenter de déterminer les effets de ces représentations sur le comportement ; ce n'est que si les états mentaux sont en réalité des états cérébraux qu'on peut envisager leurs effets sur les autres parties du cerveau, sur les muscles ou les organes végétatifs.

Une des conséquences du programme de naturalisation des états mentaux est qu'il introduit des contraintes biologiques dans le fonctionnement cognitif. Nos représentations doivent, d'une manière ou d'une autre, être commensurables à notre cerveau. L'esprit humain doit posséder une structure qui reflète ces contraintes biologiques, telle que nos représentations dépendent de cette structure pour leur forme et leur expression. Peut-on, en poursuivant cette analyse, avancer que le contenu sémantique de nos états mentaux devrait être conditionné par les mécanismes nerveux qui les produisent ? Que ce contenu devrait obéir au processus de sélection à l'œuvre dans l'évolution collective et individuelle de l'espèce humaine ? Il s'agit là de pures conjectures. C'est pourtant bien la sélection naturelle qui a permis l'apparition des capacités cognitives complexes que sont l'élaboration de représentations ou l'utilisation du langage. Au cours du développement individuel, les processus de maturation cognitive fonctionnent aussi sur le mode de la sélection : en se spécialisant pour la phonologie d'une langue, l'enfant diminue sa capacité d'en apprendre une autre. Une sorte de darwinisme « mental » viendrait compléter le travail de l'évolution. Une des orientations actuelles qui découlent de cette notion consiste à rechercher l'existence, chez les espèces qui ont précédé l'homme, de précurseurs des états cognitifs humains.

Ainsi se dessinait une nouvelle définition des sciences cognitives, centrée sur l'étude de l'intelligence humaine, de sa structure formelle à son substratum biologique. Cette définition reposait sur la conviction que « seule une association étroite entre sciences du cerveau, psychologie, linguistique, informatique, anthropologie et philosophie [...] peut apporter des réponses nouvelles, c'est-à-dire issues de recherches empiriques, aux questions traditionnelles concernant la nature de l'esprit humain[10] ».

La courte vie de l'Institut des sciences cognitives

L'Institut des sciences cognitives a ouvert officiellement en 1997 et a bénéficié d'un nouveau bâtiment inauguré en 1998. Il comportait au début une dizaine d'équipes potentielles, chacune structurée autour d'un responsable. Les responsables avaient, pour la plupart, été recrutés en dehors de la communauté locale : ils avaient pour mission de recruter eux-mêmes des collaborateurs plus jeunes et de

---

10. M. Imbert, 1992, p. 49.

développer de manière indépendante leur thème de recherche. En moins de deux ans, le nombre de personnes travaillant dans les équipes avait atteint la centaine ; des chercheurs étrangers y effectuaient des séjours prolongés ; un séminaire hebdomadaire réunissait les membres de l'Institut et ceux d'autres laboratoires de la région autour d'un conférencier ; des colloques internationaux y étaient régulièrement organisés. Les thèmes abordés par les différentes équipes traduisaient la volonté d'interdisciplinarité affichée dès le tout début : la perception des visages, la lecture, le développement du jugement et du langage ; l'étude des fonctions du lobe pariétal, les troubles de la conscience de l'action ; l'apprentissage séquentiel, l'organisation des actions complexes. Les approches étaient celles de la psychologie cognitive, de la neuropsychologie, de la neurophysiologie humaine et animale, de la neuro-imagerie. La proximité immédiate des centres hospitaliers avait favorisé l'éclosion de programmes incluant des populations pathologiques de patients cérébro-lésés ou atteints de troubles psychiatriques. C'était le cas de ma propre équipe, intitulée « Psychopathologie de l'intention », qui avait mis au point des expériences permettant de tester la reconnaissance de soi et ses troubles chez les patients schizophrènes. Certains des résultats obtenus par cette équipe sont détaillés au chapitre suivant.

Le modèle de fonctionnement proposé aux équipes présentait des risques. En premier lieu, l'autonomie n'est pas facile à gérer et peut être aisément confondue, par un jeune chercheur, avec l'indépendance, source d'isolement et de refus de participer à des efforts collectifs. Le système français d'évaluation des laboratoires et d'attribution de crédits incite d'ailleurs à la recherche du pouvoir personnel et de la reconnaissance institutionnelle plutôt que scientifique. Malgré un certain nombre de règles, au demeurant peu respectées, la réussite tient bien souvent à la participation à l'une ou l'autre de ces commissions où l'on peut défendre soi-même les intérêts de son propre laboratoire. En second lieu, l'interdisciplinarité, déjà difficile à mettre en œuvre au niveau d'un organisme comme le CNRS, se heurte également à des résistances sur le terrain. La cohabitation de disciplines différentes peut être à l'origine d'incompréhensions qui tiennent à la différence des pratiques : les physiologistes ont avant tout une culture de laboratoire qui implique une présence quotidienne, à la différence des psychologues qui peuvent ne se déplacer que pour faire les expériences et rester chez eux pour travailler le reste du temps ; les expérimentalistes publient leurs résultats sitôt les expériences terminées, alors que les théoriciens mettent leurs idées à l'épreuve dans des séminaires ou des colloques avant de rédiger une publication ; les uns évaluent leur impact d'après le nombre de citations de leurs articles, les autres d'après les critiques positives ou négatives que leur renvoient leurs collègues étrangers. Je pourrais facilement allonger cette liste de particularismes qui entretiennent les guerres picrocholines chères aux scientifiques et qui, dans un institut comme dans n'importe quel autre groupe humain, sont des obstacles à la vie en commun. Elles se ramènent en définitive à l'universelle prévalence, dans le comportement de tout un chacun, des facteurs émotionnels sur les facteurs rationnels. Beau sujet de recherche interdisciplinaire...

CHAPITRE 6

Le philosophe
dans le laboratoire

Tout neurophysiologiste qui se respecte se doit d'être un jour ou l'autre confronté au problème sans fond de la relation entre le fonctionnement du cerveau, son objet d'étude, et l'activité psychique ou, plus simplement, l'esprit. Bien que cette relation tumultueuse ait été l'objet de spéculations dans les laboratoires dès les débuts de la physiologie nerveuse, elle a suscité, au cours des années que j'ai traversées, des controverses d'une vigueur inégalée. La classique propension des chercheurs en fin de carrière à philosopher sur ce sujet n'avait certes pas épargné certains des membres les plus éminents de la communauté des neurophysiologistes ; surtout, l'éternelle querelle entre « dualistes » et « matérialistes », que chacun entretenait soigneusement pour discuter de la relation esprit/cerveau, était alimentée par de nouveaux arguments. Parmi ceux-ci, le moindre n'était pas le soi-disant physicalisme rampant que la révolution cognitive introduisait insidieusement dans les esprits, en particulier ceux de la jeune génération. Le principal animateur de la controverse était John Eccles, devenu « Sir

Participants au colloque organisé autour de Sir John Eccles à la cité du Vatican en septembre 1988. Au premier rang, de gauche à droite : Vernon Brooks, Lüder Deecke, Janos Szentagothai, Jerre Levy, Patricia Goldman-Rakic, Elena Eccles, Sir John, Carlos Chagas, Mario Wiesendanger, Masao Ito, Per Roland, Semir Zeki.

John » après avoir reçu le prix Nobel de physiologie et de médecine en 1963 pour ses travaux sur la transmission synaptique. Sir John, universellement respecté, était considéré à juste titre comme un des acteurs du renouveau des neurosciences, précisément dans le domaine des mécanismes élémentaires que visaient ses supposés adversaires réductionnistes. Sa longévité (il a vécu jusqu'à l'âge de 90 ans) lui avait permis de diffuser ses idées dans de nombreux écrits et à l'occasion de nombreuses réunions scientifiques. Je me rappelle notre première rencontre, lors d'un colloque qu'il avait organisé à la cité du Vatican à l'automne 1988, sur le thème des principes d'organisation du cerveau[1]. Il y avait lui-même présenté son improbable théorie « quan-

---

1. J. C. Eccles *et al.*, 1991.

tique » sur la pénétration des neurones du cortex cérébral par l'activité mentale (voir plus loin). Il en avait aussi profité pour me demander de prolonger son abonnement gratuit à *Neuropsychologia* car, m'avait-il confié, il était de plus en plus intéressé par les aspects « cognitifs » du fonctionnement cérébral.

Le bref retour
du dualisme ontologique

Je me rappelle les discussions soulevées par la parution, en 1977, du livre *The Self and its Brain* qu'Eccles avait cosigné avec le philosophe Karl Popper[2]. À contre-courant de l'opinion générale, ce livre se présentait comme une défense et illustration de la thèse dualiste des relations entre esprit et cerveau : c'était surtout une réfutation de la conception « matérialiste et déterministe » de l'homme qu'étaient censés répandre les tenants de la révolution cognitive. Ce combat était en réalité celui d'Eccles lui-même, comme on peut aisément s'en convaincre à la relecture de ses propres écrits. Rappelons que c'était un disciple de Charles Sherrington, dont il avait été l'assistant pendant plusieurs années et dont il avait adopté les convictions dualistes. Ce dernier affirmait en effet dans son livre *Man on His Nature*[3] que « là où le cerveau est en corrélation avec l'esprit, aucun moyen, ni microscopique, ni chimique, ni physique ne peut détecter une différence radicale par rapport à d'autres phénomènes nerveux sans rapport avec

---

2. K. Popper et J. C. Eccles, 1977.
3. C. S. Sherrington, 1940.

l'esprit. Les deux concepts restent obstinément séparés. Ils me semblent disparates, non convertibles, non traduisibles l'un dans l'autre ». Eccles avait d'abord suivi son maître en adoptant sa vision « paralléliste » (« nous n'avons pas besoin de la conscience pour expliquer comment fonctionne le système nerveux », écrivait-il en 1966[4]) avant de proposer une théorie laissant place à une « interaction entre esprit et matière dans certaines régions particulières du cerveau ». C'est cette théorie, le « dualisme interactionniste », qu'il a développée dans l'ouvrage qu'il a cosigné avec Popper.

La contribution de Popper à ce livre consistait à reprendre sa distinction entre les trois « Mondes » qui, selon lui, permettaient de concevoir les relations entre le monde physique et le monde de l'esprit. Dans cette vaste cosmogonie, le Monde 1 contenait les objets et les états physiques, que ces objets fussent inorganiques, biologiques (les cerveaux) ou fabriqués ; le Monde 2 contenait les états de conscience, dont la conscience de soi et les expériences éprouvées par la perception, la pensée, les émotions, les rêves, etc. ; enfin, le Monde 3 était le monde de la connaissance objective auquel appartenaient les systèmes théoriques et le contenu des idées sous-tendant l'expression scientifique, artistique et poétique. Pour Popper, le problème des interactions entre les Mondes 1 et 2 (en d'autres termes, entre le cerveau et l'esprit conscient) ne pouvait être abordé qu'en utilisant les outils contenus dans le Monde 3 : mais comment utiliser ces outils, si l'on sait que les idées ne sont pas des objets que l'on peut percevoir directement ? Il suggérait plutôt que, si nous comprenons les idées contenues dans le Monde 3, c'est parce que notre système cognitif les repense et les reconstruit ; de même, si

---

4. J. C. Eccles, 1966.

nous comprenons ce que représente un tableau, c'est parce que notre système visuel le repeint en l'explorant. Apprentissage et perception, pensait-il, sont des processus actifs, doués de « curiosité ». De ce fait, les objets du Monde 3, invisibles et abstraits mais bien réels, peuvent avoir un effet sur ceux du Monde 1 (et singulièrement sur le cerveau), le Monde 2 (la conscience) pouvant avoir un rôle d'intermédiaire entre les deux.

Plus concret, Eccles s'était fixé pour tâche d'élaborer une version « radicale » du dualisme interactionniste qui permît d'expliquer les interactions entre les Mondes 1 et 2 de Popper. Il lui fallait donc d'abord admettre que « l'esprit conscient est une entité qui existe par elle-même, qui procède activement à la lecture des activités polymorphes de la machinerie nerveuse du cortex cérébral en fonction de ses intérêts et de son attention, et qui intègre cette sélection pour donner à l'expérience consciente son unité à travers le temps[5] ». L'esprit conscient agissait sur la machinerie nerveuse de manière à réaliser une interaction à double sens entre les Mondes 1 et 2. L'information provenant des organes des sens se transmettait au cortex sous la forme de configurations spatio-temporelles de l'activité de modules corticaux (les colonnes). Au passage de la frontière entre Monde 1 et Monde 2, ces événements nerveux se transformaient, « miraculeusement » selon sa propre expression, en expériences perceptives d'un ordre « différent ». Lorsque c'était l'esprit conscient qui agissait sur la machinerie nerveuse (le passage de la frontière entre Monde 2 et Monde 1), il modifiait la configuration spatio-temporelle de l'activité des modules, ce qui se traduisait par des modifications de l'activité cérébrale.

---

5. J. C. Eccles, 1981. Voir p. 266 de la traduction française.

Le mode d'interaction entre Monde 1 et Monde 2 imaginé par Eccles reposait donc sur les propriétés des colonnes corticales telles qu'elles avaient été décrites peu de temps auparavant par les neurophysiologistes qui étudiaient le cortex, en particulier Vernon Mountcastle. On sait que la plupart des actions synaptiques qui s'exercent sur les neurones effecteurs du cortex (les cellules pyramidales de la couche IV) s'exercent sur leur longue dendrite apicale, qui remonte jusqu'aux couches I et II, les plus superficielles, du cortex. Ces actions sont d'autant plus fortes et déterminantes qu'elles proviennent de synapses situées près du corps cellulaire, donc dans les couches profondes du cortex. Au contraire, les synapses excitatrices situées sur la partie haute de la dendrite apicale dans les couches superficielles ont une influence beaucoup plus faible et plus subtile sur l'activité des cellules pyramidales. Enfin, les connexions qui se forment à ce niveau correspondent à des fibres qui proviennent des régions associatives du cortex, là où, pensait Eccles, avaient lieu ces fameuses interactions entre esprit conscient et activité nerveuse. Ces dispositions anatomiques rassemblaient donc, selon lui, les conditions favorables pour « permettre à l'esprit conscient de manifester son influence en apportant de légers changements dans les patterns de décharge des cellules pyramidales ». « Pour l'instant, continuait-il, nous ne pouvons que nous émerveiller devant l'extraordinaire processus de l'évolution biologique qui a construit dans le cerveau d'*Homo sapiens* une structure dotée d'une sensibilité si fantastique que le Monde 1, fermé sur lui-même, se trouve transcendé pour s'ouvrir au monde de l'expérience consciente[6] ».

---

6. *Ibid.*, p. 194.

À la recherche d'une validation expérimentale de cette hypothèse, Sir John utilisait comme modèle la génération de l'action volontaire dont le caractère spontané, en apparence indépendant de l'environnement extérieur, se prêtait bien à une interprétation en termes d'une influence de l'esprit conscient sur le réseau nerveux. Il tirait ses arguments des travaux de Hans Kornhuber qui, avec Lüder Deecke, avait décrit les modifications électroencéphalographiques (EEG) enregistrées sur le scalp avant l'apparition d'un mouvement volontaire[7]. L'exécution d'un tel mouvement est en effet précédée d'une lente et graduelle modification de potentiel EEG, répartie assez largement sur les régions frontales et pariétales des deux hémisphères. Ce potentiel de préparation débute plus d'une seconde avant la contraction musculaire. Peu avant l'exécution (150 millisecondes), une autre modification de potentiel, plus brève et plus intense, se produit au niveau de l'hémisphère controlatéral au mouvement, dans la zone en relation directe avec la commande motrice. L'interprétation donnée par Eccles à ces phénomènes résumait l'ensemble de sa théorie dualiste interactionniste : « On peut considérer le potentiel de préparation comme la contrepartie neuronale de la commande volontaire. Le trait surprenant du potentiel de préparation est qu'il s'installe graduellement et en diffusant largement. Il y a apparemment, au moment où se décide un mouvement, une très large influence de l'esprit conscient sur l'organisation du fonctionnement modulaire. Finalement, cette immense activité neuronale est canalisée et dirigée pour se concentrer dans les zones appropriées du cortex moteur qui exécute le mouvement requis. La durée du potentiel de préparation indique que l'activité

----

7. H. H. Kornhuber et L. Deecke, 1965.

séquentielle d'un grand nombre de modules se trouve impliquée dans la longue période d'incubation qu'exige l'esprit conscient pour déclencher les décharges dans le cortex cérébral [...]. C'est un signe de ce que l'action de l'esprit conscient sur le cerveau ne s'exerce pas avec une puissance impérative. Son intervention est de nature plus subtile, plus tâtonnante[8]. »

Selon les termes de cette hypothèse, ce serait donc l'esprit conscient qui, par ses fonctions d'interprétation/ sélection et de contrôle des configurations de modules, assurerait l'unité de l'expérience vécue, et non la machinerie nerveuse elle-même : cette dernière est en effet constituée d'éléments disparates qui, pour prendre un sens, doivent être sélectionnés et intégrés par l'esprit. L'esprit conscient balaierait, en quelque sorte, à la manière d'un projecteur, les modules qu'il sélectionnerait selon ses intérêts et ses intentions. La théorie dualiste interactionniste, on le voit, malgré son degré élevé de pénétration de la réalité biologique telle qu'elle était connue à la fin des années 1970, présentait trop d'incertitudes et de lacunes pour pouvoir être crédible. Sir John la défendait néanmoins avec véhémence, faisant appel à des physiciens pour calculer la quantité d'énergie suffisante pour ouvrir quelques vésicules synaptiques au niveau des terminaisons nerveuses dans les couches superficielles du cortex et permettre ainsi à l'esprit d'y exercer son influence.

---

8. J. C. Eccles, 1979, p. 256-257.

Sperry critique d'Eccles

Rétrospectivement, les seules choses qui restent de cette hypothèse hasardeuse sont les réactions qu'elle avait suscitées dans les cercles neurophysiologiques. La critique la plus constructive provenait de Roger Sperry, prix Nobel en 1981, comme on l'a vu, pour ses travaux sur la spécialisation fonctionnelle des hémisphères cérébraux. À la différence d'Eccles, Sperry se considérait comme un moniste, niant l'existence d'un esprit conscient indépendant du cerveau en fonctionnement. Pour lui, l'esprit n'était donc pas, comme l'affirmaient Popper et Eccles, le phénomène premier : les phénomènes mentaux étaient produits par le fonctionnement cérébral, dont ils représentaient une propriété « émergente ». À ce titre, ils étaient irréductibles aux constituants physico-chimiques du réseau nerveux. Ces phénomènes, une fois produits, agissaient comme des réalités causales pouvant influencer les phénomènes physiologiques, selon le principe de la « causalité descendante » qui faisait donc de Sperry un interactionniste au même titre que Popper et Eccles. Là où ces derniers voyaient l'activité nerveuse comme « indéterminée », Sperry la voyait comme « autodéterminée », du fait même du caractère causal de ses propres productions. L'autodétermination apparaissait dans ce raisonnement comme une caractéristique essentielle de l'interaction, de nature à assurer la continuité des événements qui s'enchaînaient au sein d'un monde unique qui contenait à la fois la réalité nerveuse et la réalité mentale.

Sperry tentait d'apporter des arguments en faveur de l'influence causale de la conscience sur le comportement. Selon lui, les phénomènes conscients, propriétés émergentes du traitement nerveux, influençaient en retour l'activité nerveuse en « mettant de l'ordre » dans un flux d'activité cérébrale dépourvu d'ordre et d'organisation : ils transcendaient les phénomènes physiologiques de la même manière que ces derniers transcendent les phénomènes cellulaires et moléculaires sous-jacents. Sperry utilisait à ce propos la métaphore de la roue : les molécules qui constituent une roue, tout en ayant leurs propres lois de fonctionnement, sont entraînées par la rotation de la roue. Cette rotation ne viole toutefois pas les propriétés du niveau moléculaire : elle les asservit à son propre mouvement, leur destin est déterminé par les propriétés de la roue considérée comme un tout. Les propriétés des molécules sont donc dominées par des propriétés d'un niveau supérieur. Notons que ce contrôle des éléments par un processus de niveau supérieur s'applique aussi bien au processus cérébral qui émerge de l'activité des éléments, qu'au processus mental qui influence ensuite ces mêmes éléments : les composants élémentaires déterminent les propriétés du tout (cérébral ou mental) et celui-ci en retour détermine l'organisation des composants.

Pour Sperry, un système de haut niveau comme l'était un état mental n'était pas seulement constitué de l'ensemble de ses composants matériels, il était également une combinaison spatio-temporelle de masse et d'énergie que toute tentative de réduction à ses constituants détruisait inévitablement. Ce rejet de l'idée que l'activité mentale ne serait « rien d'autre que » la somme des éléments qui composent le substrat nerveux et son corollaire, l'acceptation de l'idée de propriété émergente, était donc la solution trouvée par Sperry pour échapper au dualisme. La nature émergente du contrôle mental de l'activité nerveuse fonctionnait sur le mode vertical, de haut en bas. Le fait de placer le phénomène mental en position de déterminant causal restaurait ainsi la hiérarchie contenue dans la notion de causalité descendante tout en excluant l'explication matérialiste. En somme, Sperry réfutait au nom de ce qu'il appelait le « mentalisme » la thèse de l'identité psychophysique selon laquelle l'homme n'est qu'un objet matériel qui n'a de propriétés que physiques. Cette réfutation n'était toutefois pas définitive puisque, précisait-il, si le matérialisme physicaliste venait à inclure dans ses objectifs les phénomènes mentaux dans leur forme causale, émergente et non réductible, il abandonnerait sans regret son mentalisme.

Le dualisme n'était pourtant pas totalement absent du modèle de Sperry, tel qu'il le décrivait à la fin d'un article datant de 1980 : « La principale caractéristique de ce modèle, écrivait-il, est la reconnaissance qu'il accorde à la primauté des phénomènes mentaux subjectifs dans l'explication scientifique et au rôle d'un contrôle de haut niveau des phénomènes mentaux et cognitifs comme causes déterminantes, loin au-dessus de leurs corrélats nerveux. Il est caractérisé par le fait de replacer "l'esprit au-dessus de la matière", comme un concept qui place idées et idéaux au-dessus des interactions physiques et chimiques, des impulsions nerveuses et de l'ADN. C'est un modèle du cerveau où les forces mentales et psychiques conscientes sont reconnues comme le couronnement de plus de 500 millions d'années d'évolution[9]. » Ce dualisme masqué n'avait pas échappé au psychologue Stuart Sutherland, qui, dans une critique plutôt hostile, classait Sperry parmi « ces chercheurs en neuroscience qui, de Sherrington à Eccles, consacrent leurs années déclinantes à des problèmes métaphysiques et qui, de surcroît, ne prennent pas la peine de lire les travaux sur le sujet, ce qui leur permet de spéculer

---

9. R. Sperry, 1980, p. 204.

d'autant plus librement[10] ». Sutherland relevait l'évidente contradiction du modèle de Sperry qui faisait des phénomènes conscients, tantôt un phénomène irréductible à des événements nerveux, tantôt un phénomène assimilable à l'activité cérébrale.

La thèse de l'identité
esprit/cerveau revisitée

Alors que l'épisode du dualisme engagé sous l'impulsion d'Eccles prenait fin au cours des années 1980, d'autres biologistes se lançaient à leur tour sur ce champ de bataille, mais en partant du point de vue opposé, celui de la thèse de l'identité des états mentaux et cérébraux. Les modèles qu'ils utilisaient faisaient la part belle à des concepts nouveaux, nés, pour certains d'entre eux, de la révolution cognitive, mais qui tous prétendaient à une véritable plausibilité physiologique. L'augmentation de l'information par les circuits réentrants (Mountcastle), la sélection des réseaux neuronaux sur le mode darwinien (Edelman), la synchronisation des neurones sollicités par la même tâche (Crick), tous ces concepts cherchaient à donner une solution à un seul et même problème, celui de savoir comment la représentation consciente d'un événement du monde pouvait n'être que l'autre face de l'activité d'une population neuronale.

Patricia Smith-Churchland, une des premières parmi les philosophes professionnels à s'aventurer sur le terrain des neurosciences, soulevait une objection de principe à

---

10. S. Sutherland, 1983, p. 773.

l'encontre de ces tentatives. Pour elle, la recherche d'une identité entre un état mental conscient et un état cérébral s'apparentait à une « erreur de catégorie », un type d'erreur qui consiste à comparer entre eux des phénomènes appartenant à des niveaux explicatifs différents. L'étape cruciale à franchir pour pouvoir établir une comparaison valide entre les deux domaines aurait dû être de forger une théorie des états mentaux qui puisse se réduire à la théorie des états cérébraux. Or cette théorie faisait défaut. Selon ce qu'elle écrivait dans *Neurophilosophy*[11], son livre au titre prometteur, « les théories de la cognition humaine resteront radicalement incomplètes tant qu'elles ne pourront fournir une caractérisation des représentations et des transitions entre représentations. S'il est vrai que la cognition comporte du calcul, elle doit comporter des opérations sur les représentations. Jusque-là, la seule façon d'envisager une telle caractérisation des représentations dépend d'une conception de la représentation qui fait partie de notre vision ordinaire des états mentaux. Mais il s'agit là d'une conception qui résiste à la réduction, telle que les généralisations concernant les représentations ne pourront se réduire à des généralisations neurobiologiques[12] ». La description des états mentaux souffrait donc d'immaturité par rapport à celle des états biologiques et, concluait Patricia Smith-Churchland, tant qu'il n'existera pas une théorie de même niveau empirique de la nature des représentations mentales, la réduction ne pourra être opérée de façon valide. En attendant, proposait-elle, les concepts de la psychologie naïve (croyances, intentions, désirs, etc.) devraient être éliminés du vocabulaire scientifique.

---

11. P. Smith-Churchland, 1986.
12. *Ibid.*, p. 297.

Position d'attente légitime, en espérant que la psychologie n'en profiterait pas pour s'autonomiser comme une science du mental détachée de la réalité biologique (une tentation toujours présente chez les psychologues). Ce serait évidemment une erreur : psychologie et neurosciences, pour avoir coévolué pendant si longtemps, ont trop de points communs pour pouvoir vivre séparément. L'ambition réductionniste de Patricia Smith-Churchland, qui allait devenir quelques années plus tard le programme de « naturalisation » des états mentaux, avait effectivement reçu un accueil réservé chez les chercheurs en sciences cognitives, particulièrement chez les psychologues. La métaphore de l'ordinateur semblait leur suggérer que les processus psychologiques correspondaient à un niveau de description (le niveau sémantique) différent du niveau d'implémentation des mécanismes neuronaux, et donc que ce niveau de description pouvait se suffire à lui-même : ne pouvait-on pas explorer le fonctionnement de l'esprit en utilisant les ressources de la logique, de la manipulation de symboles, en un mot de l'intelligence artificielle ? Dans ce cadre fonctionnaliste, la causalité ne pouvait-elle pas se concevoir sur le mode abstrait, sans passer par des mécanismes nerveux ? Les fonctions mentales, pouvait-on penser, sont implémentées dans un substrat nerveux, mais ce n'est pas à ce substrat qu'elles doivent leur rôle causal sur d'autres fonctions mentales ou sur le comportement : la définition fonctionnelle et la définition structurale d'un même phénomène ne sont pas identiques.

Cette réaction « antiréductionniste » était une des conséquences de la confusion entre cognition naturelle et cognition artificielle, déjà dénoncée dans un chapitre précédent. L'arrivée dans les laboratoires de philosophes professionnels au début des années 1990 avait permis de sortir de cette impasse en substituant aux questions trop générales posées par des non-philosophes des questions plus locales et surtout mieux définies, sur la perception, l'action, ou le langage. Il s'agissait, comme l'avait bien vu Patricia Smith-Churchland, de procéder à la déconstruction des opérations de l'esprit en constituants élémentaires pour déterminer ensuite la contribution de telle ou telle partie du réseau nerveux à chacun de ces constituants. Tel était précisément le programme de la « philosophie de l'esprit » (*philosophy of mind*), discipline bien établie aux États-Unis et en Angleterre, mais nouvelle venue en France[13]. Dans cette démarche, chaque état d'esprit (désir, croyance, préférence, volition, jugement, etc.) correspond à une expérience qui peut être décrite et étudiée empiriquement, et finalement identifiée à un concept acceptable du point de vue scientifique (en clair, du point de vue de la psychologie cognitive et des neurosciences). Cette démarche incite donc à rechercher des mécanismes sous-jacents à ces concepts, mécanismes qui impliqueraient l'existence d'états cérébraux pouvant donner aux états d'esprit leur efficacité causale. Dans le domaine de l'action, par exemple (domaine abordé plus longuement au chapitre 4), les clarifications apportées, entre autres, par Davidson et Searle ont appris aux neurophysiologistes à distinguer plusieurs niveaux de description emboîtés les uns dans les autres : une action dirigée vers un but est composée d'actions élémentaires ; selon les termes de John Searle[14], l'intention préalable qui englobe l'ensemble des étapes nécessaires pour atteindre le but ne devient efficace que sous la forme d'intentions en action, plus fugaces et plus locales.

---

13. E. Pacherie et J. Proust, 2004.
14. J. Searle, 1983.

*La philosophie de l'esprit
à l'épreuve du laboratoire*

Certains physiologistes, dont j'étais, ont commencé à prendre au sérieux cette philosophie « psychologique », alors qu'au même moment des philosophes prenaient conscience de la nécessité de se familiariser avec les concepts des neurosciences. Les premiers se détachaient de leur démarche purement descriptive, tandis que les seconds renonçaient à des analyses formelles de la connaissance et de la signification sans lien véritable avec l'intériorité du sujet. La voie paraissait donc ouverte pour une « naturalisation » des états mentaux, en dépit des accusations de réductionnisme adressées aux physiologistes ou de mentalisme adressées aux philosophes. Les conditions étaient favorables : à la philosophie de l'esprit faisait écho la psychologie cognitive qui cherchait, elle aussi, à identifier et à dissocier les unes des autres les « briques » du système cognitif ; quant aux neurosciences, leur méthodologie se prêtait particulièrement bien à cet exercice de dissection, grâce à la montée en puissance de la neuro-imagerie. Dans un premier temps, la neuro-imagerie avait surtout confirmé les connaissances acquises par la clinique, en montrant que les zones qui devenaient actives lors de l'exercice d'une fonction étaient celles dont la lésion produisait un déficit de cette même fonction : ainsi, le patient atteint d'une lésion de la zone de Broca perd la possibilité de produire des mots, tandis que la même zone devient active chez un sujet sain en train de produire des mots. Par la suite, cependant, l'amélioration technique est allée de pair avec une sophistication des questions posées, jusqu'à ce que la neuro-imagerie devienne l'outil privilégié de tous les praticiens des neurosciences cognitives. À titre d'exemple, nous avions montré en 1997, avec Jean Decety et Julie Grèzes, que le réseau cortical activé lors de l'observation d'une action différait selon la tâche demandée au sujet[15]. Lorsque le sujet recevait l'instruction de mémoriser l'action pour la reconnaître ensuite parmi d'autres, la région occipito-temporale s'activait ; en revanche, lorsque l'instruction était de la mémoriser pour ensuite la reproduire, l'activation prédominait dans le lobe pariétal et dans la région prémotrice. Dans cette expérience, c'était l'intention du sujet de réaliser l'une ou l'autre tâche qui devenait « visible », ce qu'aucune autre technique n'aurait alors pu nous montrer.

C'est dans ce contexte que j'ai commencé, autour de 1995, à travailler avec Pierre Jacob. Comme je l'ai déjà mentionné, il avait accepté de participer à l'élaboration du programme de l'Institut des sciences cognitives. Son engagement s'était rapidement transformé en une immersion dans les problématiques sur lesquelles je travaillais depuis plusieurs années, en tout premier lieu celle de la dualité du système visuel : le fait que le même stimulus puisse être l'objet de traitements différents par le système visuel selon la voie anatomique impliquée, fait qui paraissait évident pour un physiologiste, constituait une énigme pour le philosophe. Le physiologiste, en enregistrant l'activité d'un neurone, peut savoir quel attribut du stimulus est traité par la région où se trouve ce neurone. Il sait que les attributs extrinsèques du stimulus, ceux qui définissent sa position dans l'espace, ne sont pas traités par les mêmes circuits que ceux qui décodent chacun de ses attributs intrinsèques, ceux qui définissent son identité (forme, couleur,

---

15. J. Decety *et al.*, 1997.

texture, détails de structure, etc.). Il sait également, depuis les travaux de Hideo Sakata et de son équipe, que l'interaction avec un objet, lors de l'action de saisie de cet objet par exemple, se fonde sur des attributs intrinsèques différents de ceux qui permettent l'identification : les propriétés de taille, d'orientation, de volume sont critiques pour déterminer la posture de la main, mais n'interviennent pas en tant que telles dans la reconnaissance de l'objet. Tel est le sens de l'opposition, que j'avais introduite, entre les modalités « sémantique » et « pragmatique » de traitement visuel : les deux modalités, normalement conjointes, pouvaient être dissociées par des situations expérimentales ou, bien entendu, par la pathologie. La patiente AT, porteuse d'une ataxie optique, et la patiente DF, porteuse d'une agnosie pour les objets, représentaient bien, comme je l'ai décrit dans le chapitre sur les mécanismes de la vision, les deux termes d'une double dissociation entre traitement sémantique et traitement pragmatique.

Ce que le physiologiste ignore, en revanche, c'est comment se réalise la synthèse de ces différents traitements et comment ces multiples attributs finissent par constituer l'expérience perceptive d'un objet unique et distinct des autres objets qui l'entourent. Existe-t-il plusieurs façons de « voir » une même chose ? Peut-on avoir une expérience différente d'un objet selon que l'on cherche à le décrire ou que l'on interagit avec lui ? Ces questions, inaccessibles au physiologiste, semblaient pouvoir être abordées au moyen de la boîte à outils du philosophe. Parmi ces outils se trouvait la notion de *représentation*. De mon côté, j'avais adopté ce terme dans le cadre de mes recherches sur l'action, pour décrire les événements masqués qui se déroulent avant l'apparition d'une action. Une action, on le sait, peut exister à l'état potentiel dans le cerveau de l'agent, sous la forme d'une intention ou d'une volition, pour parler en termes philosophiques, ou sous la forme d'un plan, voire d'une simulation, selon des termes plus compatibles avec l'approche des neurosciences. Dans le cadre de notre entreprise, nous avions adhéré à l'idée que les représentations sont des objets mentaux dotés de propriétés descriptibles, au moins pour ce qui concerne leur destination et leur contenu. Ainsi, les représentations engagées dans le processus d'acquisition d'information provenant de l'extérieur, les représentations perceptives, sont destinées à l'élaboration de croyances sur le monde ; à l'opposé, les représentations engagées dans l'interaction avec l'environnement, les représentations motrices, sont destinées à construire des intentions et éventuellement à mettre en œuvre des actions.

Ce qui faisait tout l'intérêt de cette approche, c'était la possibilité qu'elle offrait de décrire le contenu de chacun de ces types de représentation, aussi bien en termes de traitement neuronal qu'en termes cognitifs. On pouvait ainsi suivre la représentation dans son cheminement vers sa destination finale et décrire la façon dont son contenu évolue au cours de ce cheminement. Dans les représentations perceptives, le niveau de traitement d'entrée est riche des informations sensorielles sur les différents attributs de la scène perçue, mais les percepts ainsi constitués sont de nature implicite, et ne donnent pas accès à une expérience visuelle distincte. C'est plus loin dans la chaîne de traitement que les percepts sont mis en relation les uns avec les autres, assemblés de manière cohérente et confrontés à des informations mémorisées : le contenu devient alors conceptuel, verbalisable et identifiable. Comme on peut s'y attendre, une interruption du traitement après le premier niveau, interdisant l'accès au stade conceptuel, aboutit à une expérience visuelle appauvrie et dépourvue de sens. C'est ce qu'on observe chez les patients agnosiques comme la patiente DF, dont l'expérience visuelle est fragmentée en éléments sans rapports les uns avec les autres. Les représentations motrices suivent un cheminement inverse : le contenu conceptuel de l'action envisagée, assemblé à partir de croyances et de désirs, s'enrichit progressivement de données cinématiques permettant la réalisation automatique des mouvements nécessaires à la mise en œuvre de l'action.

Dans cette analyse, les mouvements dirigés vers des objets du monde visuel, qui étaient au centre de notre réflexion, posaient un problème particulier. L'action de saisir un objet, par exemple, relève à la fois d'une représentation perceptive permettant d'encoder la position, la forme, la taille et l'orientation de l'objet, et d'une représentation motrice adaptant les mouvements d'atteinte et de saisie à ces attributs. Avec ces représentations « visuo-motrices », nous étions confrontés à un système hybride fonctionnant dans les deux directions à la fois. Toutefois, il paraissait clair que les représentations visuo-motrices appartenaient au niveau implicite, non conceptuel, du traitement de l'information, tout autant visuelle que motrice. Le mouvement de saisie est un mouvement rapide et automatique, pouvant être réalisé en l'absence de connaissance explicite de l'objet à saisir : sa fonction est de réaliser la transformation visuo-motrice, non d'acquérir une connaissance de l'objet. C'est ce qui explique pourquoi la patiente DF pouvait se saisir correctement d'objets qu'elle ne pouvait identifier. Une différence importante apparaissait donc entre le traitement effectué dans les deux voies visuelles. Dans la voie ventrale, la partie non conceptuelle de la représentation perceptive débouchait sur une connaissance conceptuelle, une croyance explicite sur l'objet. À l'opposé, la voie dorsale semblait comme amputée de la partie conceptuelle de la genèse de l'action : son rôle

semblait s'arrêter à la production automatique du mouve
ment vers l'objet, sans jamais permettre la constitution
d'une expérience consciente.

Cette conception asymétrique du traitement effectué
par les deux voies visuelles constituait la base de l'opposition point par point telle qu'elle était proposée par Goodale
et Milner, entre un système ventral « conscient » dédié à la
perception, et un système dorsal supposé fonctionner de
manière automatique et dédié à la transformation visuo-
motrice. Mais, pour être valide, cette comparaison entre les
deux voies aurait dû porter sur des niveaux de traitement
compatibles entre eux, en l'occurrence le niveau implicite
des percepts dans la voie ventrale et celui de la représentation visuo-motrice dans la voie dorsale. La comparaison
proposée par le modèle perception/action de Goodale et
Milner ignorait l'existence de la partie conceptuelle du traitement dans la voie dorsale. Or l'action, si on veut l'opposer
à la perception, ne peut se réduire à la production de mouvements isolés comme dans l'atteinte ou la saisie d'objets.
Le traitement dans la voie dorsale ne se limite pas à la
transformation visuo-motrice, il faut aussi tenir compte de
ce qui se passe en amont de l'exécution, dans la partie invisible de la représentation.

Le livre que Pierre Jacob et moi avions tiré de cette
réflexion[16] nous avait au moins permis d'établir sur une
base théorique cette notion de compatibilité entre niveaux
de traitement, étape indispensable pour mettre en parallèle
des états cérébraux et des états mentaux (des représentations) se déployant dans des systèmes différents. Nous
savions que les représentations ne ressemblent pas aux
objets qu'elles représentent ; on perçoit l'objet, non les

---

16. P. Jacob et M. Jeannerod, 2003.

étapes intermédiaires qui ont permis la formation de la représentation de cet objet. Le contenu des percepts visuels ne suffit pas à accéder à la connaissance de l'objet. Il ne s'agit pas seulement de « voir » l'objet, il faut aussi savoir ou croire qu'on le voit, c'est-à-dire posséder le concept de cet objet. Les états mentaux formés sur la nature et la signification de l'objet tirent leur contenu conceptuel de la structure des réseaux correspondants. Parvenue à ce niveau, l'information diffuse dans de nombreuses structures nerveuses dites « associatives », dont la fonction est de « raisonner » : mettre en relation, comparer, catégoriser et mémoriser. De la même façon, vouloir atteindre un but ne consiste pas à former des intentions locales, comme celle d'ouvrir puis de fermer la pince digitale. L'action volontaire consiste à rassembler les éléments nécessaires à l'élaboration des raisons de l'action, à la planification de son déroulement et à l'anticipation de ses résultats, avant de passer éventuellement à l'exécution.

Philosophical significance

Je ne suis donc pas un philosophe, faute sans doute d'une formation adéquate et, plus encore, de la conformation intellectuelle requise. Pour le médecin que je suis, chaque question que pose l'état d'un patient doit recevoir une réponse adaptée à son cas, dont dépend en définitive sa survie : je ne peux pas avoir de théorie *a priori* sur son état. L'empirisme prend le pas sur la généralisation, apanage des disciplines « pures » qui n'ont pas à se soucier des conséquences pratiques des réponses qu'elles donnent aux interrogations du monde. La philosophie, qui fait partie de ces disciplines, n'est pas contrainte par la dure réalité des choses physiques. J'en ai fait une fois l'expérience au cours de ma seule rencontre avec Paul Ricœur : après avoir assisté à une conférence qu'il donnait, j'étais allé lui demander de signer mon exemplaire de *Philosophie de la volonté*[17], son livre de 1950 que j'avais étudié avec grand intérêt. Au cours de l'échange que nous avions eu à cette occasion, je lui avais parlé de mon *Cerveau-Machine*, sous-titré *Physiologie de la volonté*. Il s'était alors interrompu, m'avait regardé avec étonnement, avant de me dire : « Je ne vois pas le rapport entre la volonté et le cerveau. » Sur le moment, je n'avais pas osé le contredire, ni lui demander comment il concevait la mise en jeu du système moteur lors d'une action volontaire. Je lui ai réglé son compte beaucoup plus tard, en écrivant *Le Cerveau volontaire*.

Je me console avec John Searle, un autre philosophe pour qui j'ai de l'admiration. Après avoir lu *Motor Cognition*[18] dont je lui avais envoyé un exemplaire, il m'avait écrit qu'il trouvait à ce travail une *immense philosophical significance*. Je ne peux que lui retourner le compliment : il est de ces rares philosophes qui se sont laissé pénétrer par l'esprit des neurosciences, et dont les écrits sont de ce fait une source d'inspiration et de clarification pour le physiologiste.

---

17. P. Ricœur, 1950.
18. M. Jeannerod, 2006.

CHAPITRE 7

Comment j'ai échappé
à la psychanalyse

Au cours de mon externat, j'avais été affecté à divers services de chirurgie puis de médecine, avant de terminer par un service de neuropsychiatrie. J'étais l'externe de la salle Charcot, la salle qui accueillait des patients arrivés au service de garde de l'hôpital dans un état d'agitation ou de délire. Les responsables de cette salle étaient François Michel, l'interne, et Marcel Colin, un médecin humaniste passionné par l'interprétation : sous son regard, les manifestations cliniques devenaient l'expression de l'aliénation sociale du patient, de son rejet du travail, de son rapport perturbé à sa communauté de vie. Ces six mois, mon unique contact avec la psychiatrie clinique, avaient éveillé en moi une curiosité qui ne s'est jamais démentie. J'en ai gardé une sorte de fascination intellectuelle pour la pathologie mentale, d'autant plus vive, sans doute, que je n'ai jamais dû affronter les difficultés pratiques que rencontre tout psychiatre dans la prise en charge quotidienne et le traitement de ses patients. Si, au tout début de mon parcours, alors que j'étais dans le doute sur la direction à prendre, j'avais choisi la voie toute tracée de médecin soignant plutôt que celle, plus incertaine, mais qui sur le moment m'avait paru plus exaltante, de chercheur de laboratoire, c'est sans doute vers la psychiatrie que je me serais dirigé.

À l'époque où se situent mes débuts, la psychanalyse représentait la référence intellectuelle incontournable pour tout jeune médecin se destinant à la psychiatrie. J'en avais fait l'expérience lors des discussions au sein d'un petit groupe de réflexion, composé d'internes, futurs neurologues, psychiatres en formation, apprentis neurophysiologistes, qui se réunissait régulièrement dans un des pavillons de l'hôpital. Avec Jacques Hochmann, un des participants à ces rencontres, avec qui je partageais le double intérêt pour la pratique clinique et le questionnement scientifique, nous avions débuté une interaction qui devait se poursuivre au fil des années. Il m'avait un jour écrit une longue lettre où il remettait en cause la possibilité, défendue par les neurophysiologistes (moi en l'occurrence), d'établir une continuité entre un état neurologique et un état mental. Pour lui, l'être mental, le sujet, ne pouvait qu'être hétérogène aux mécanismes qui se produisent dans son cerveau. Position dualiste inacceptable, avais-je fait valoir dans ma réponse. Tout en poursuivant cet échange à titre privé, nous nous étions rendu compte de son intérêt potentiel pour un large public et avions pris la décision, courageuse pour l'époque, d'en faire un livre[1]. Les temps ont bien changé et les psychanalystes d'aujourd'hui sont en position de demandeurs !

---

1. J. Hochmann et M. Jeannerod, 1991.

L'escalier de Chambord

Chapitre après chapitre, nous avions courageusement exposé nos positions respectives, en faisant preuve du maximum possible d'écoute et d'attention aux arguments adverses. Nous exploitions chacun notre matériel favori : lui, des observations tirées de cas cliniques ; moi, des observations tirées d'expériences de laboratoire. Pour décrire ce cheminement parallèle, Jacques Hochmann avait évoqué la métaphore de l'escalier de Chambord, ce fameux escalier à double révolution où deux personnes peuvent monter ou descendre sans jamais se rencontrer. Car tel était bien le problème : là où l'un de nous tentait un rapprochement, sous la forme d'une analogie ou d'une similitude entre les deux parcours, l'autre avait tôt fait de dissiper l'illusion. Ainsi, dans un des chapitres, le neurologue évoquait l'état initial du nouveau-né mis à jour et décrit par les psychologues de l'école cognitive et identifié à des structures biologiques innées. Il rapprochait cet état mental de la description par Freud du *ça*, « ce que l'être apporte en naissant, tout ce qui a été constitutionnellement déterminé, donc avant tout les pulsions émanées de l'organisation somatique[2] ». Dans sa réponse au chapitre suivant, le psychanalyste réagissait en rappelant que, certes, Freud avait parlé d'un héritage de l'évolution pour expliquer l'organisation précoce du psychisme, mais que, quels que soient ses déterminants biologiques, « la réalité psychique a son fonctionnement à elle, obéit à ses lois et est aussi différente de la réalité physique que l'imaginaire

---

2. *Ibid.*, p. 103.

l'est du réel, le sens figuré du sens propre et le signifiant du signifié[3] ».

La communauté psychanalytique avait réservé à cet échange un accueil mitigé : positif de la part de Daniel Widlöcher ou de Serge Lebovici, qui avaient fait de nombreuses allusions au caractère novateur et utile de ce type de dialogue entre les deux approches des phénomènes psychiques ; négatif, en revanche, voire hostile, de la part d'un André Green qui se posait en gardien de l'orthodoxie, entre déterminisme naturaliste et déterminisme culturaliste, de la psychanalyse. J'insisterai davantage sur cet accueil négatif, qui me paraît traduire de manière emblématique les raisons du refus de ce genre de débat chez de nombreux psychanalystes. Dans son livre sur *La Causalité psychique*[4] paru en 1995, André Green consacrait plusieurs pages à ce qu'il considérait comme la source de cette « incommunicabilité », qu'il ramenait, de façon révélatrice, à un problème de sémantique. Il prenait pour cible un chapitre où j'exposais de manière assez détaillée le processus de sélection qui préside à la mise en place des connexions au sein du système nerveux : prolifération synaptique suivie d'élimination, stabilisation sélective du réseau qui reste plastique et modifiable. Je donnais ensuite quelques exemples tirés de la psychologie de laboratoire, montrant que le système cognitif se développe lui aussi sous la pression d'un mécanisme de sélection, pour en arriver finalement à un modèle sélectionniste fondé sur un principe d'auto-organisation. Selon ce modèle, proposé par des auteurs comme Changeux et Edelman, la stabilisation du réseau était l'effet de l'activité propre de l'organisme (ce qui, incidemment, rejoignait

---

3. *Ibid.*, p. 110.
4. A. Green, 1995.

mes préoccupations concernant le rôle de l'action dans l'organisation cognitive, voir chapitre 4). Je concluais ce chapitre par une tentative de généralisation du modèle aux relations entre biologie et psychologie : « Au niveau du fonctionnement synaptique, l'activité nerveuse renforcerait l'efficacité de transmission. Au niveau du comportement, la motricité active permettrait l'apprentissage, consoliderait la coordination sensori-motrice, stabiliserait les images perceptives. Au niveau cognitif et psychique, l'interrogation par le langage, l'exploration curieuse de l'environnement construiraient les relations intersubjectives. Il existerait une continuité dans l'auto-organisation de l'individu à tous les niveaux de fonctionnement [...]. Ainsi se trouve renforcée la position de l'individu à l'origine du processus sélectif, du sujet comme source de l'intentionnalité[5]. »

La lecture par Green de ce passage, même avec le recul du temps, continue de me surprendre. Les propositions et les idées qu'il contenait ne lui paraissaient pas étrangères. « Et pourtant, continuait-il, *dans son ensemble*, l'impression *émergente* qui en résulte est celle d'une non-acceptabilité sémantique pour le psychanalyste. La démarche syncrétique neuro-bio-psycho-philosophique n'est possible qu'au prix d'amalgames qui ne peuvent donner naissance qu'à un être stérile (non interfécond)[6]. » L'amalgame en question portait sur la continuité suggérée entre les niveaux de fonctionnement, du niveau synaptique à celui des relations intersubjectives : je concède sans difficulté que le raccourci était trop rapide, comme je l'ai moi-même dénoncé ailleurs dans ce récit. Je maintiens toutefois qu'un lien doit exister entre les phénomènes élémentaires et le

---

5. J. Hochmann et M. Jeannerod, 1991, p. 128.
6. A. Green, 1995, p. 99.

niveau intégré, et que la recherche de ce lien est précisément l'objectif des neurosciences cognitives. J'avais malgré tout pris soin, comme on l'aura remarqué, d'introduire une distinction entre cognitif *et* psychique pour décrire le contenu du niveau de fonctionnement le plus élevé, indiquant par là que je ne confondais pas les processus « cognitifs » décrits dans le cadre des laboratoires de psychologie avec les instances « psychiques » sur lesquelles les psychanalystes fondent leurs descriptions cliniques. Green s'était offusqué de cette distinction (« Parce que le cognitif n'est pas du psychique ? », se demandait-il). Que n'aurait-il pas dit si je ne l'avais pas faite ! C'est d'ailleurs précisément sur ce point que portait sa critique : selon que l'on décrirait les phénomènes d'une façon ou d'une autre (selon que l'on serait « psy » ou « neuro » pour utiliser ses propres termes), on changeait de catégorie, et c'est le franchissement de cette frontière qui constituait le délit d'amalgame, au fondement de ce qu'il qualifiait ailleurs de « lobotomie théorique ».

Psychanalyse
et sciences cognitives

Face à ces critiques, je n'ai pas renoncé à traverser cette frontière symbolique. La question n'est plus de savoir si l'on a, ou non, le droit d'assimiler les niveaux de fonctionnement de l'appareil psychique à des niveaux de fonctionnement neurologique ; ni de savoir si on peut imaginer que le moi, le surmoi ou le ça correspondraient à des structures nerveuses, corticales ou sous-corticales, qui se contrôleraient mutuellement par refoulement, inhibition, ou excitation comme le veut la description de la dynamique intrapsychique. Ce n'est pas au physiologiste de reconstruire une psychanalyse qui lui paraîtrait compatible avec les mécanismes qu'il décrit dans le cerveau, mais plutôt au psychanalyste de s'interroger sur le sens qu'il donne aux métaphores biologiques qu'il utilise pour décrire le psychisme.

Les conceptions actuelles du fonctionnement cérébral, en particulier celles qui sont issues des neurosciences cognitives, mettent l'accent sur les mécanismes endogènes, qui font du cerveau le siège d'une activité « représentant » les événements du monde intérieur et extérieur. Les différents réseaux anatomiques qui le constituent n'ont plus, comme c'était le cas dans le modèle dit « jacksonnien », de relations de subordination ou de hiérarchie ; au contraire, l'information circule entre les niveaux dans les deux sens. Prenons pour exemple la mise en œuvre d'une action visant à obtenir un objet désiré. Un premier niveau de traitement élabore, à partir d'informations mémorisées (des connaissances, des croyances), une représentation de cette action et de ses conséquences attendues. Le contenu de cette représentation (de cette « intention ») est communiqué à des niveaux plus exécutifs qui le mettent en application au moyen de programmes d'action, lesquels activent les niveaux d'exécution proprement dits. En cours de route, des signaux remontent vers le niveau intentionnel pour vérifier le bon déroulement de l'action. Enfin, le résultat final est comparé au contenu des différents niveaux de représentation et de programmation. On peut imaginer, comme je l'ai déjà suggéré, que le système se stabilise et enregistre une « satisfaction » lorsque intention et réalisation coïncident ; par contre, lorsque la comparaison révèle un décalage par rapport à l'effet attendu, que le système se remette en route jusqu'à obtention du résultat désiré. Les dysfonctionnements de ce mécanisme pourraient rendre compte de phénomènes comme l'anxiété, ainsi que de certains symptômes de maladies psychiatriques.

Freud n'était pas très éloigné de ce modèle lorsqu'il considérait, dans son *Projet*[7], un texte qu'il avait écrit en 1895 et jamais publié, que le déplaisir naît d'un décalage entre le désir et la réalité, et que la fonction de certains neurones est de diminuer ce décalage. Il se plaçait déjà, en utilisant le langage de la physiologie de l'époque et à défaut d'un langage psychologique adéquat, dans la perspective d'une « autorégulation » du fonctionnement psychique, concept qui devait avoir chez lui une longue carrière, puisqu'on le retrouve pratiquement inaltéré dans des textes plus tardifs. Le principe d'autorégulation est évidemment au centre des sciences cognitives, comme je crois l'avoir bien montré dans le chapitre sur l'action. La possibilité de créer, à l'intérieur de machines construites par l'homme, des états « computationnels » autonomes a réactualisé l'idée de représentation comme fondement du fonctionnement mental. La possibilité que la représentation ait un effet causal sur le comportement devient une idée relativement banale : activité psychique et activité nerveuse se rapprochent l'une de l'autre, l'activité du réseau nerveux devient le support de la représentation (consciente ou non) qui influence le comportement, ce qui, en retour, modifie l'activité et peut-être même la configuration du réseau.

Historiquement, la psychanalyse postfreudienne s'est éloignée de la psychologie scientifique, devenue suspecte du fait du développement du béhaviorisme, ce qui l'avait conduite à délaisser le courant biologique freudien et à se

---

7. S. Freud, 1895.

rapprocher des sciences humaines. Aujourd'hui, alors que la révolution cognitive des années 1960 a eu raison du béhaviorisme, les conditions d'une coopération entre psychanalyse et psychologie cognitive devraient en principe se trouver réunies. Les sujets sur lesquels les deux approches pourraient se confronter ne manquent pas. Je pense par exemple à l'intérêt que l'une et l'autre portent aux mécanismes de la relation interindividuelle. Il s'agit bien là d'un champ d'expertise commun, auquel d'ailleurs aucune théorie psychologique qui se veut complète ne peut échapper.

Dans la théorie psychanalytique, la relation interindividuelle est doublement fondatrice : d'une part, sur le plan ontogénétique, elle structure le développement affectif de l'enfant et constitue le pivot de la dynamique psychique du futur adulte ; sur le plan pratique, d'autre part, elle devient le centre de la relation thérapeutique dans la cure, le psychanalyste et son patient formant une unité où leurs deux psychismes interagissent. C'est une des forces de la théorie psychanalytique que d'avoir mis l'accent sur le rôle du lien interindividuel à une époque où la psychologie objective n'offrait qu'un point de vue solipsiste, celui de l'adaptation de l'individu à un environnement constitué de stimuli demandant des réponses, ou source de problèmes à résoudre. Quant à la psychologie cognitive, elle a élaboré de son côté de nouveaux concepts pour rendre compte, dans un cadre plus large, du fonctionnement des relations interindividuelles. Son idée directrice est que chaque adulte dispose d'une compétence sociale qui lui permet de lire l'esprit de ses congénères, de leur attribuer des états mentaux éventuellement différents des siens, et donc de réaliser que les autres possèdent, eux aussi, un « Je ». Il existe deux conceptions de cette capacité de *mind-reading* :

l'une postule qu'il s'agit d'un savoir (d'une « théorie de l'esprit ») acquis par l'expérience, fondé sur la connaissance qu'il existe chez les autres et chez soi-même des états mentaux que l'on peut prédire et expliquer au même titre que d'autres phénomènes de la nature. C'est donc à partir d'un raisonnement théorique et de lois tacitement admises que l'attribution d'états mentaux pourrait avoir lieu. L'autre conception, au contraire, postule que le *mind-reading* est un phénomène instinctif qui se déclencherait automatiquement autour de l'âge de 4 ans pour réaliser une simulation de l'état mental de l'autre à partir de l'observation de son comportement. Cette conception « simulationniste » du *mind-reading* se rapproche évidemment de la notion de simulation motrice dont j'ai abondamment parlé dans le chapitre sur l'action.

Vers la cognition sociale

L'intérêt que les physiologistes portent au *mind-reading*, particulièrement dans sa version simulationniste, trouve son origine dans la découverte des neurones miroirs au début des années 1990. Les neurones miroirs donnaient en effet, de manière inattendue, une réalité physiologique à un phénomène d'observation courante, la compréhension des actions des autres, et permettaient de le rattacher à la notion quelque peu oubliée d'« empathie » des philosophes allemands du milieu du XIXe siècle. Theodor Lipps, un de ceux qui ont le mieux développé cette notion d'empathie (*Einfühlung*), en faisait un des mécanismes de base de la connaissance de soi-même et des autres. Nous ne pouvons en effet, pensait Lipps, comprendre les autres par la voie de la perception, qui ne peut nous révéler leurs sentiments, leurs intentions ou leurs désirs ; ni en procédant par analogie, en projetant sur eux nos propres expressions (que nous ne percevons d'ailleurs pas). Pour lui, le fait de voir une expression sur un visage réveillerait automatiquement en moi les influx nécessaires à la production de cette expression. Ces influx induiraient en moi l'état affectif interne correspondant à cette expression. Autrement dit, les impulsions motrices induites par la vue de l'expression sur le visage de l'autre incluent la tendance à ressentir cet état affectif. La vision de l'expression correspond à un « début d'imitation », une « imitation interne ». C'est par ce moyen, pensait Lipps, que nous devenons conscients de l'existence des autres.

Le retour de l'empathie sur le devant de la scène est d'autant plus intéressant à rappeler ici que Freud avait fréquemment fait appel à l'*Einfühlung*, qu'il utilisait dans le sens de « se mettre à la place de l'autre et tenter de le comprendre ». « Avec la perception d'un geste déterminé, disait-il dans *Le Mot d'esprit et sa relation avec l'inconscient*, est donnée l'impulsion de le représenter par une certaine dépense. Ainsi donc, en accomplissant l'acte de "vouloir comprendre" ce geste, d'en avoir l'aperception, je me comporte [...] tout à fait comme si je me mettais à la place de la personne observée[8]. » Dans le cas d'un geste comique, c'est la comparaison entre le geste observé et la représentation du mien propre (que j'aurais moi-même accompli à sa place) qui est source de comique et déclenche le rire : « L'origine du plaisir comique [...] provient de la comparaison entre l'autre personne et notre propre moi – c'est-à-dire de la différence quantitative entre la dépense d'empathie

---

8. S. Freud, 1988, p. 343.

et la dépense propre[9]. » Plusieurs exemples très explicites sont donnés sur cette notion de différence quantitative : c'est ainsi que la différence entre un mouvement attendu par un spectateur et ce mouvement effectivement réalisé par l'acteur peut être source de comique, quand, par exemple, « je prends dans une corbeille un fruit que je crois lourd mais qui, pour me tromper, est un objet creux, une imitation en cire. En partant en l'air, ma main trahit que j'avais préparé une innervation trop grande pour la fin visée, et c'est pour cela qu'on rit de moi[10] ». On aura remarqué que Freud reprenait presque textuellement la description du mécanisme de comparaison tel qu'il l'avait proposé en 1895 dans le *Projet* pour rendre compte de l'accumulation et de la décharge d'énergie psychique génératrice de satisfaction du désir. Selon ce mécanisme, l'investissement du souvenir déclencherait une attente, qui serait ainsi comparée à la réalité perceptive : lorsque attente et réalité coïncideraient, la décharge se produirait, tandis que dans le cas contraire, la recherche de la satisfaction se poursuivrait. Dans un autre exemple donné par Freud, celui du bébé qui recherche l'image désirée du sein maternel, c'était la discordance entre l'image désirée et l'image perçue qui provoquait des mouvements du bébé jusqu'à ce que la concordance soit réalisée.

Ainsi les deux écoles, celle de la psychologie cognitive et celle de la psychanalyse freudienne, ont-elles disposé, certes à des moments différents, des mêmes clés pour comprendre les relations interindividuelles. La première en a tiré une description approfondie de la construction du lien social, la seconde les a ignorées. À l'évidence, la psychana-

---

9. *Ibid.*, p. 346.
10. *Ibid.*, p. 349.

lyse tenait là un moyen de vérifier et d'opérationnaliser plusieurs de ses concepts fondateurs, en utilisant une méthodologie dont la scientificité n'aurait pu être discutée. À quoi tient cette occasion manquée ? Peut-être aux conditions d'observation et de pratique inhérentes à la psychanalyse, qui privilégie les données recueillies sur des cas individuels dans le cadre d'une relation unique entre les deux protagonistes. La différence entre les deux approches tient en réalité à la forme de la relation que chacune des deux cherche à décrire : relation affective et émotionnelle entre les psychismes du patient et de son psychanalyste ; relation distanciée et rationnelle dans le cadre de la description d'une opération cognitive. Dans le premier cas, c'est le contenu individuel de la relation qui est privilégié ; dans le second, c'est le mécanisme commun, ce qui permet à cette relation d'exister. Les deux ne sont toutefois pas incompatibles, si l'on pense que la description de la « topique » intrapsychique par Freud et par ses successeurs a en général consisté à identifier des instances fonctionnelles communes à l'ensemble des individus, fondement même de la revendication scientifique exprimée par la psychanalyse.

De la représentation de l'action à la connaissance de soi

Les travaux qui ont conduit à la description de la « cognition sociale » se sont donc développés de manière indépendante, en ignorant largement l'existence des théories antérieures, y compris celles de la psychanalyse. Dans un domaine où une collaboration aurait pu s'établir entre les deux, celui de la pathologie de l'autisme infantile, c'est au contraire l'antagonisme et le conflit qui ont longtemps prévalu, les accusations d'« impérialisme » et d'« obscurantisme » fusant de part et d'autre. Jacques Hochmann, cependant, dans les dernières pages de son *Histoire de l'autisme*[11] fait état de tentatives de convergence plus récentes. De nos jours, ces tentatives prennent la forme encore incertaine d'une « neuropsychanalyse » ouverte au dialogue entre psychanalyse, psychologie et neurosciences[12].

Pour ce qui me concerne, cette intrusion de la psychologie cognitive dans mon champ de recherches m'a donné l'impression de vivre un véritable changement de paradigme, favorisé par mes premiers contacts avec les philosophes qui gravitaient autour des sciences cognitives. Avant cette date charnière, que je situe à peu près en 1995, mon horizon expérimental était délimité par le problème de la représentation de l'action : il s'agissait d'identifier les signaux responsables de la mise en œuvre de l'action, des corrections éventuelles à y apporter, en un mot, de rendre compte de l'adéquation entre la représentation initiale et le résultat final. J'utilisais des situations de conflit « sensorimoteur » où les informations dont le sujet disposait pour accomplir la tâche (atteindre une cible visuelle par exemple) étaient déformées. La position apparente de sa main ne correspondait pas à sa position réelle, ce qui créait un double conflit lorsqu'il exécutait un mouvement : d'une part entre les différents signaux sensoriels (visuels et proprioceptifs) provenant de sa main, et d'autre part entre ces mêmes signaux et les signaux d'origine centrale (la commande motrice) qu'il élaborait pour atteindre la cible. Le

---

11. J. Hochmann, 2009. Voir aussi F. Ansermet et P. Magistretti, 2004.

12. Un nouveau journal intitulé *Frontiers in Psychoanalysis and Neuropsychanalysis,* qui matérialise ces tentatives, vient de voir le jour.

concept de décharge corollaire (réactualisé par le *comparator model* de Wolpert dont il a déjà été abondamment question) servait de cadre à ces expériences. L'idée générale était que les réarrangements nécessités par l'adaptation au conflit étaient de nature purement automatique, c'est-à-dire échappaient à l'expérience consciente du sujet. Ainsi, la concordance entre les signaux d'origine périphérique, ceux qui traduisaient le mouvement effectivement exécuté, et les signaux d'origine centrale, ceux qui traduisaient le mouvement désiré, n'avaient pas de raison de donner naissance à une expérience subjective : la concordance était en somme la source d'une validation implicite du contenu de la représentation. En l'absence de concordance, au contraire, des phénomènes cognitifs pouvaient apparaître, révélant en quelque sorte au sujet le but de son action et l'intention qu'il avait construite pour l'atteindre. Dans ce cas, la représentation restait « activée » aussi longtemps que le but qu'elle contenait n'était pas accompli, avec pour conséquence la possibilité d'accéder consciemment à son contenu et de modifier la stratégie pour atteindre le but fixé. On l'aura compris, le caractère conscient ou non d'une représentation n'a pas d'incidence sur sa nature : elle reste dans tous les cas un phénomène cognitif qui anticipe l'action ou qui éventuellement en tient lieu lorsqu'elle n'est pas exécutée.

Il me restait à comprendre les raisons de cette soudaine prise de conscience par le sujet de la discordance engendrée par le conflit. Deux de mes amies philosophes, Joëlle Proust et Élisabeth Pacherie, avaient attiré mon attention sur une expérience totalement passée inaperçue, due au Danois Torsten Nielsen. Dans cette expérience, qui datait de 1963, le sujet avait pour consigne d'exécuter un mouvement simple de la main pour tracer une ligne droite sur une feuille de papier. À son insu, et grâce à un jeu de miroirs, l'image d'une main étrangère (celle d'un expérimentateur), présentant le même aspect et exécutant un mouvement similaire, pouvait être substituée à celle de sa propre main. Dans certains cas, la main étrangère (que le sujet prenait pour la sienne) déviait de la trajectoire requise : il cherchait alors à compenser cette déviation non désirée en dirigeant le mouvement de sa propre main (qui restait invisible) dans la direction opposée. Questionné à la fin de l'expérience sur la raison de cette trajectoire aberrante par rapport à l'instruction qu'il avait reçue, le sujet tentait d'expliquer sa mauvaise performance par la maladresse ou la fatigue. À aucun moment il ne cherchait à attribuer la déviation à une cause extérieure, en contradiction avec les éventuels signaux qu'il aurait pu dériver de l'état interne de son intention ou de sa commande motrice[13].

La question que se posait Nielsen était celle de la conscience qu'un sujet peut avoir de ses propres actions. Notre question concernait davantage la construction de l'image de soi au travers de l'expérience de son propre corps et de ses propres actions. Avec Pierre Fourneret, nous avions adapté le paradigme de Nielsen à notre avantage : le sujet, comme dans l'expérience initiale, était soumis au même conflit sensori-moteur ; il avait pour consigne de tracer une ligne en direction d'une cible. Un dispositif électronique permettait de dévier cette ligne dans une direction différente, si bien que le sujet, pour atteindre la cible, déviait sa propre main dans la direction opposée. La ligne qui lui était montrée sur un écran tenait compte de cette correction et atteignait effectivement la cible, tandis que sa main, qu'il ne pouvait pas voir, se déplaçait dans

---

13. T. Nielsen, 1963.

une autre direction. À la fin de chacun de ces essais, un jugement lui était demandé sur la direction que sa main avait effectivement prise. Ses réponses traduisaient une sous-estimation considérable du déplacement réel de sa propre main. En d'autres termes, le sujet s'attribuait des mouvements différents de ceux qu'il avait effectivement exécutés, tenant compte, pour donner sa réponse, de la représentation qu'il avait du mouvement plutôt que sa forme réelle[14]. Nous disposions ainsi d'une situation dans laquelle la conscience de soi pouvait être dissociée des processus visuo-moteurs automatiques. C'est ainsi que la possibilité (sur laquelle je reviens plus longuement dans un paragraphe ultérieur) que les aspects automatiques du comportement et la représentation que le sujet s'en fait puissent être deux choses distinctes a constitué l'axe de mes recherches pendant les dix années suivantes. Cette nouvelle orientation représentait une modification radicale de la perspective sur le sujet : on passait d'une description des résultats « en troisième personne », où le sujet était étudié de l'extérieur à la recherche d'indices objectifs sur son comportement, à une description en « première personne » où il devenait en quelque sorte son propre expérimentateur. De ce changement de perspective naissait une nouvelle théorie scientifique du sujet, celle d'un agent auto-référencé construisant sa propre identité et sa propre singularité à partir de son corps et de ses actions. De plus, le fait que cette notion, nouvelle pour moi, d'agentivité, puisse se prêter à une description en termes de variables physiologiques manipulables expérimentalement permettait d'envisager avec optimisme l'objectif de « naturalisation » du sens de soi que je partageais avec mes collègues

---

14. Voir P. Fourneret et M. Jeannerod, 1998.

philosophes. Avec Nicolas Georgieff, nous avions proposé l'idée d'un système anatomique responsable du sens de l'agentivité, c'est-à-dire, à la fois de la reconnaissance de soi et de la distinction soi/autre. Nous avions utilisé pour désigner ce système le terme de système « qui[15] ? », dénomination qui faisait référence aux systèmes « quoi ? » et « où ? » déjà définis au chapitre 3 dans le cadre de la théorie des deux systèmes visuels. On se rappelle que, dans la vision, la voie ventrale est censée répondre à la question « quoi ? » (quel est cet objet ?), tandis que la voie dorsale est censée répondre à la question « où ? » (où est cet objet ?). Le système que nous envisagions, quant à lui, était censé répondre à la question « qui ? » (qui suis-je ? et qui est-il ?). L'anatomie fonctionnelle de ce système est constituée d'un réseau où interagissent des aires du cortex préfrontal et des aires situées plus en arrière dans le cortex temporal et pariétal postérieur. Son identification a fait l'objet d'expériences qui sont rapportées dans le paragraphe suivant.

Méconnaissance de soi

La description de ce mécanisme n'était pas encore commencée que déjà se profilait une conséquence logique de son hypothétique existence : si ce mécanisme existait en effet, on pouvait se poser la question des conséquences de son dysfonctionnement. Joëlle Proust se trouvait à ce moment précis être en contact avec un psychiatre de l'Hôtel-Dieu de Paris, Henri Grivois, auteur d'essais sur la

---

15. N. Georgieff et M. Jeannerod, 1998.

psychose. Du fait de sa position dans un service d'urgence, il était amené à observer des patients au stade aigu, en proie à ce qu'il appelait la « psychose naissante[16] ». Ce stade, selon lui, était avant tout caractérisé par le sentiment qu'éprouvait le patient d'être situé au centre du monde et de partager sa subjectivité avec les autres individus, en un mot, de perdre son identité personnelle : « Ce n'est plus moi qui vis, ce sont les autres qui vivent en moi », pouvait-on lire entre les lignes des observations cliniques que rapportait Grivois dans son style plutôt littéraire, mais qui rejoignaient des descriptions plus classiques : celle de Kurt Schneider en particulier, qui considérait cette « perte des frontières entre soi et les autres » comme la manifestation canonique de la schizophrénie. Le fait de faire de la perte du sens de soi le noyau central de la psychose représentait une nouveauté dans le domaine de la psychopathologie, où la schizophrénie était plutôt vue classiquement comme l'addition de déficits cognitifs (émoussement affectif, troubles du langage et de la conscience, etc.) supposés résulter principalement d'une altération des fonctions de différentes régions du cortex cérébral. Aux termes de l'hypothèse d'un noyau central, la schizophrénie se présentait donc comme une situation pathologique paradigmatique permettant d'aborder, au travers de son dysfonctionnement, le mécanisme de la construction du sens de soi. Du même coup, la psychiatrie emboîtait le pas à la neuropsychologie, où la lésion et ses conséquences pathologiques sont longtemps restées (et restent encore) une voie d'accès privilégiée à la compréhension des fonctions cognitives normales. De façon significative, le livre de Chris Frith, un des premiers à accompagner cette intrusion de la

---

16. H. Grivois, 1995.

psychologie cognitive dans le domaine de la psychiatrie, venait d'être publié sous le titre évocateur *The Cognitive Neuropsychology of Schizophrenia*[17].

Notre contribution a consisté à transférer la situation expérimentale de substitution de la main inspirée des travaux de Nielsen à des patients schizophrènes. Avec Elena Daprati, une postdoctorante venue de Trieste, nous avons comparé les réponses de sujets sains et de sujets schizophrènes présentant le typique « syndrome d'influence », à qui on présentait sur un écran placé devant eux une main qui pouvait être indifféremment la leur ou celle de l'expérimentateur. À chaque essai, d'une durée de quelques secondes, le patient et l'expérimentateur recevaient l'instruction de faire un mouvement déterminé avec leur main (bouger le pouce, étendre l'index) : le patient pouvait donc voir selon les essais, soit sa propre main exécutant le mouvement qu'il avait réalisé, soit la main de l'expérimentateur exécutant le même mouvement ou un mouvement différent. À la fin de l'essai, un jugement était demandé au sujet sur l'auteur du mouvement, sous la forme d'une réponse en choix forcé : « moi » ou « un autre »[18]. Les résultats de l'expérience montraient que les patients avaient tendance à s'approprier, non seulement leurs propres mouvements, mais aussi ceux de l'expérimentateur, même s'ils différaient de ceux qu'ils avaient réellement exécutés. Ce résultat traduisait bien, sous la forme d'une surattribution, la confusion entre soi et l'autre, et donc l'altération du sens de soi. Autre fait intéressant, nous avions noté, comme dans l'expérience de Nielsen et dans nos propres expériences rapportées plus haut, qu'une tendance à la surattribution existait aussi chez le

---

17. C. Frith, 1992.
18. E. Daprati *et al.*, 1997.

sujet sain. La confusion entre soi et l'autre observée chez le schizophrène ne représentait donc qu'une aggravation de cette tendance. La symptomatologie schizophrénique s'inscrivait ainsi dans la continuité d'une fonction physiologiquement définie, celle du système « qui ? », dont la déconstruction pouvait rendre compte, chez ces patients, de l'altération de la relation intersubjective.

D'autres expériences fondées sur le même principe de substitution nous avaient par ailleurs montré que les patients étaient capables d'ajuster correctement leurs mouvements aux conflits sensori-moteurs qui leur étaient imposés, alors même que leur jugement d'attribution était défectueux : en d'autres termes, leur problème portait sur la composante consciente de leur sens de soi, mais pas sur sa composante automatique. Ce résultat avait été l'objet d'une controverse avec Chris Frith, qui considérait au contraire que le trouble d'attribution prenait racine dans un dysfonctionnement du système de contrôle en ligne de la production de ses propres actions (le mécanisme du « comparateur » déjà décrit ailleurs) : selon lui, ce dysfonctionnement devait rendre impossible la distinction entre une action autoproduite et une perturbation d'origine extérieure. Notre argument principal pour rejeter cette idée reposait sur le fait que le trouble de l'attribution observé chez les patients schizophrènes concerne, certes, des actions réellement exécutées, mais aussi, et peut-être surtout, des actions en pensée, encore au stade de l'intention ou de la représentation (ce que les cliniciens décrivent sous les termes de « vol de la pensée » ou de « pensée imposée »). Dans de tels cas, le mécanisme de contrôle en ligne ne peut fonctionner, du fait même de l'absence des signaux d'exécution pouvant être comparés au modèle interne de l'action. L'explication que nous proposions en remplacement prenait appui sur les notions de simulation et de représentations partagées évoquées dans un chapitre précédent. Si en effet, du fait de modifications pathologiques, les réseaux nerveux activés respectivement lors de la simulation d'une action autoproduite, y compris une action en pensée, et lors de la simulation d'actions observées chez d'autres personnes venaient à se confondre les uns avec les autres, les indices permettant d'attribuer l'intention à son véritable auteur s'estomperaient et finiraient par disparaître. La conséquence inévitable de cet effacement des différences serait l'installation d'une confusion entre soi et l'autre et l'apparition d'un délire d'attribution. L'avantage de cette explication, on le voit, est double. En premier lieu, elle tient compte de la distinction entre les deux processus différents que sont la reconnaissance automatique de soi comme agent d'une action (le soi minimal) et le sens d'être l'auteur et la cause de cette action, distinction qui est clairement attestée par de nombreuses descriptions cliniques de patients schizophrènes. En second lieu, l'explication des troubles de l'attribution que présentent ces patients tient compte de l'existence de « l'autre » en tant que tel, c'est-à-dire en tant qu'auteur d'intentions et d'actions qui peuvent éventuellement avoir une influence sur celui qui les observe. Ce point m'apparaît maintenant comme un point capital, dans la mesure où il introduit la dimension inter-subjective dans la définition de la conscience de soi et dans la pathologie schizophrénique.

La description anatomique du système « qui ? » ne pouvait se faire qu'à l'aide de la neuro-imagerie. Ce travail a été entrepris par Chloé Farrer en utilisant le paradigme de substitution de Nielsen adapté à la tomographie par émission de positrons. Lorsque le sujet ne reconnaissait plus son mouvement, et que l'autoattribution en devenait impossible, une zone d'intense activation apparaissait dans le cortex pariétal postérieur du côté droit. Chez les patients schizophrènes, cette même zone se trouvait activée en permanence, y compris en l'absence de mouvement[19]. Ainsi, chez ces patients, le cortex pariétal ne pouvait plus jouer son rôle de discriminateur entre moi et non-moi. Grâce à ces expériences, le système « qui ? » prenait consistance. Il reste encore à établir le mécanisme de cette désinhibition des régions postérieures du cortex (pariétal et aussi temporal) dans la schizophrénie. La cause en est peut-être une défaillance du lobe frontal qui ne jouerait plus son rôle inhibiteur.

Quelques années plus tard, l'historique de cette synergie entre un clinicien, une philosophe et un expérimentaliste a été repris par Pierre-Henri Castel dans un chapitre de son ouvrage *L'Esprit malade*[20]. Castel, qui a élevé cette collaboration au rang d'hypothèse (l'« hypothèse GPJ » pour Grivois-Proust-Jeannerod), croit reconnaître l'existence d'une continuité entre la démarche des trois protagonistes : la destruction du sentiment d'identité personnelle vécue par le patient et décrite par Grivois serait en réalité la conséquence de la perte de la capacité d'autoréférer ses propres actions à ses intentions. Or cette capacité correspond, pour Joëlle Proust, au concept philosophique d'agentivité. Il ne resterait alors plus à l'expérimentaliste qu'à mettre au point une situation où cette dissociation entre intention et action pouvait être démontrée de manière spécifique chez des patients schizophrènes. Bien que l'hypothèse GPJ n'ait jamais existé en tant que telle – notre collaboration entre Paris et Lyon fonctionnait de manière

---

19. C. Farrer *et al.*, 2003, 2004.
20. P.-H. Castel, 2009.

détendue et sporadique –, cette synergie aura au moins permis, pour une fois, de parcourir en totalité le trajet qui mène d'une idée en psychiatrie clinique à sa vérification objective par la voie expérimentale.

Action volontaire et équilibre cognitif

Ce travail sur la connaissance de soi et son corollaire pathologique, la méconnaissance de soi, revêt aujourd'hui, à mes yeux, une importance particulière. Il me permet en effet de parachever une réflexion débutée il y a bien longtemps, sur la genèse de l'action volontaire et son rôle dans la construction de la conscience de soi. Dans mon dernier livre déjà cité, *Le Cerveau volontaire*, où je tente de formaliser cette réflexion, j'attribue un rôle spécifique au processus volontaire, conscient, qui intervient dans certaines de nos actions. La question posée est en effet de savoir pourquoi nous avons parfois recours à une mise en jeu consciente de nos actions, alors que dans leur grande majorité elles sont en réalité préparées et exécutées de façon automatique. Dans les paragraphes qui suivent, repris à partir des derniers chapitres du livre, je tente de donner une réponse à cette question.

Le principe de base est celui de la comparaison, souvent invoquée dans ce récit, entre un état anticipé – « désiré », comme disent les modélisateurs – et un état effectivement constaté, dans le cas précis, entre une action voulue et une action exécutée : si la comparaison révèle un niveau élevé d'accord entre les deux, la justesse de la prédiction qui avait été faite est confirmée, et la représentation de cette action se trouve validée et étiquetée comme un succès du processus volontaire. Les traces laissées par les succès de ce genre deviennent progressivement un matériau pour l'élaboration de nouvelles représentations, lesquelles vont ensuite orienter dans la bonne direction les choix et les décisions que l'environnement sollicite en permanence. Le sujet n'aura alors pas de difficulté à endosser les actions conditionnées par ces représentations préalablement validées, qui lui apparaîtront en accord avec ses choix conscients. Il pourra se les approprier et s'en considérer comme l'auteur au sens plein du terme, et sa croyance d'être un agent causal s'en trouvera renforcée et justifiée.

Dans le cas contraire, où la comparaison révèle une discordance et où la validation n'a pas lieu, une dissonance apparaîtra, avec les conséquences que l'on sait sur le réarrangement cognitif et la révision des croyances. C'est ainsi que les sujets de Nielsen, dans l'expérience décrite plus haut, s'attribuaient des mouvements qui ne correspondaient pas à ceux qu'ils avaient volontairement exécutés et inventaient des justifications *ad hoc*. Ils donnaient de cette discordance une interprétation qui tentait de sauvegarder leur croyance d'avoir été les auteurs de ces mouvements, tout en sacrifiant en partie l'image qu'ils se faisaient d'eux-mêmes, s'accusant de fatigue, d'inattention ou de maladresse. Chez le sujet sain, la conséquence de ce genre de situation peut être un sentiment de regret, ou encore la révision des choix et des raisons d'agir, entraînant la modification du plan de l'action ou même son abandon. Chez les patients délirants, chez qui le processus de validation dans son ensemble est perturbé, la conséquence en est encore plus radicale : la discordance persiste, la conscience de soi est altérée et le sentiment de dépersonnalisation apparaît. Le délire, dans ce cas, devient une tentative (certes désespérée) de lutter contre la dissonance cognitive que provoque l'impossibilité de faire cadrer ses actions avec les états conscients qui leur sont normalement associés.

Le processus de validation d'une représentation par le succès de l'action, ou de son invalidation par son échec, s'étend, bien entendu, aux effets de l'action sur l'environnement social. Nos actions sont souvent dirigées vers des congénères dont nous faisons l'objet de nos intentions et de nos désirs ; en retour, l'effet attendu est une réponse du ou des destinataires, réponse dont le contenu peut correspondre ou non à l'attente. La référence à la psychanalyse, dans un tel cadre, perd évidemment de sa pertinence et de son utilité. À la recherche des contenus individuels, le psychanalyste – du moins celui qui n'a pas su voir que sa discipline avait changé – se fourvoie dans l'analyse des conflits qui ont constitué l'anamnèse du patient ; mais il n'accède par là qu'au récit que le patient construit de sa propre existence. Au contraire, et paradoxalement, une synergie comme celle qui est représentée par l'hypothèse GPJ permet d'accéder à la genèse de la maladie en amont du récit du patient, puisqu'elle cherche à comprendre le « comment » des symptômes que sont les hallucinations ou les fausses attributions. Car c'est bien là, dans l'altération des mécanismes du sens de soi, que naît le sentiment de perte de l'identité personnelle. Le sentiment d'inquiétante étrangeté (l'*Unheimliche* longuement analysé par Freud[21]) qu'éprouve alors le patient lui fournit la matière inépuisable de son délire et de ses autres tentatives de donner un sens à l'expérience qu'il est en train de vivre.

---

21. S. Freud, 1933.

Épilogue

Un recul d'une cinquantaine d'années donne une profondeur de champ suffisante pour évaluer la cohérence d'une démarche scientifique. Non pas que la cohérence soit en elle-même une garantie de qualité ou d'originalité ; mais dès lors que la démarche a réussi, même partiellement, et qu'elle est parvenue à un terme, même provisoire, elle permet de rechercher comment les idées, les projets et les résultats se sont enchaînés pour aboutir à ce terme. Comme souvent dans la pratique de la science, le but ne devient clair qu'*a posteriori*, il se dégage d'une évolution qui n'était pas prévisible au départ, qui fait qu'on n'a finalement pas trouvé ce qu'on croyait chercher. C'est cette tentative de reconstruction qui a motivé l'écriture de ce livre.

Une des surprises que m'a révélées ce travail est d'ordre méthodologique. J'y ai découvert une propension à me laisser guider par l'observation, selon une stratégie caractérisée précisément par l'absence de stratégie définie à l'avance. Cet état de fait peut paraître déconcertant pour des esprits « cartésiens » qui prônent l'antériorité de l'hypothèse, hypothèse que la démarche expérimentale est censée confirmer et valider. Dans mon cas, c'est l'inverse qui semble avoir prévalu : c'est l'étonnement devant un fait d'observation qui, le plus souvent, a orienté ma démarche et a marqué le début de nouveaux développements – pour autant qu'on puisse parler de début à propos d'une réflexion qui évolue et se renouvelle sans cesse au gré des circonstances. Peut-être est-ce, là encore, un effet de ma formation médicale : comme le résumait Claude Bernard au début de son *Introduction à l'étude de la médecine expérimentale*, « la méthode expérimentale [...] s'appuie successivement sur les trois branches de ce trépied immuable : le *sentiment*, la *raison* et *l'expérience*. Dans la recherche de la vérité, au moyen de cette méthode, le sentiment a toujours l'initiative, il engendre l'idée *a priori* ou l'intuition ; la raison ou le raisonnement développe ensuite l'idée et déduit ses conséquences logiques. Mais si le sentiment doit être éclairé par la lumière de la raison, la raison à son tour doit être guidée par l'expérience ». Et, plus loin, cette mise en garde : « Les hommes qui ont une foi excessive dans leurs théories sont non seulement mal disposés pour faire des découvertes, mais ils font aussi de très mauvaises observations[1]. »

J'avais été fort impressionné, au début de ma carrière, par la lecture d'un texte de Richard Jung, le célèbre physiologiste de la vision et directeur d'un des laboratoires phares de la discipline, à Freiburg en Allemagne[2]. Il racontait comment il avait raté la découverte des propriétés des neurones du cortex visuel primaire, découverte due, comme on le sait, aux Américains David Hubel et Torsten Wiesel au tout début des années 1960. Jung connaissait bien les propriétés des neurones de la rétine et des autres relais sous-

---

1. Claude Bernard, 1865, p. 61 et 71.
2. R. Jung, 1976.

corticaux du système visuel, dont les champs récepteurs avaient une structure concentrique, et qui répondaient bien, par conséquent, à des stimuli lumineux de forme circulaire. Il avait donc émis l'hypothèse que les champs récepteurs des neurones du cortex devaient avoir la même structure. Pour les étudier, il avait fait construire par un fameux fabricant d'appareils d'optique, une machine qui pouvait projeter sur un écran toutes sortes de stimuli lumineux de forme circulaire (taches lumineuses, anneaux lumineux, combinaison des deux) dont on pouvait faire varier la position, la taille, l'intensité, le contraste entre le centre et la périphérie, etc. Aucun de ces stimuli sophistiqués ne parvenait à déclencher l'activité des neurones du cortex visuel, qui restaient indifférents à cette stimulation de leur champ récepteur. Jung et son équipe avaient ainsi accumulé des résultats négatifs pendant plusieurs années. Hubel et Wiesel, pendant ce temps, avaient découvert la véritable spécificité de ces neurones, qui était de répondre à des stimuli de forme allongée, des contours lumineux de différentes orientations. Après avoir tenté, sans succès, d'expérimenter avec des stimuli de forme circulaire, ils avaient rapidement su changer de méthode : ils avaient utilisé de simples feuilles de papier blanc qu'ils déplaçaient à la main sur un écran, ce que l'appareil perfectionné de Jung ne permettait évidemment pas de faire. Les fausses routes de ce type, conséquences d'un protocole trop rigide, et qui sont légion dans l'histoire des sciences expérimentales, illustrent bien les propos de Claude Bernard. Ma méthode empirique qui consistait à privilégier l'observation des faits, selon l'usage en clinique, me mettait à l'abri de ce genre de déconvenues.

Il est donc d'autant plus surprenant que, malgré cette absence d'un plan de recherche défini à l'avance, ma démarche puisse rétrospectivement paraître logique et cohérente. Comme on se le rappelle, le point de départ m'a été dicté par mon sujet de thèse qui consistait à étudier les mouvements des yeux pendant les phases de sommeil paradoxal chez le chat. Ces mouvements ressemblaient à des décharges musculaires sans but défini plutôt qu'à un véritable comportement organisé, mais leur parenté, chez l'homme, avec le contenu onirique leur donnait malgré tout une signification particulière. Correspondaient-ils, comme on l'a cru un moment, à une « exploration » de la scène intérieure qui se déroulait dans la tête du dormeur ? Toujours est-il (deuxième étape) que la comparaison s'imposait avec les déplacements du regard du sujet éveillé qui explore son environnement visuel. J'avais réussi à enregistrer le trajet du regard de sujets humains lors de l'exploration libre d'images et de scènes variées : les yeux se fixaient successivement sur les parties saillantes de l'image. Cette « stratégie » était particulièrement frappante lorsqu'il s'agissait d'un visage : on voyait le regard se fixer presque exclusivement sur les yeux et la bouche du personnage. Mais quelle pouvait être la fonction de ce comportement alors que l'on sait qu'un objet, un visage ou même une scène complexe peuvent être perçus et identifiés en quelques centaines de millisecondes, avant même que débute la première saccade oculaire ? Les mouvements des yeux ne sont en réalité que la première ébauche d'un comportement intégré qui consiste à se diriger dans l'espace visuel. Ils font partie d'un ensemble (le regard) qui comporte aussi les déplacements de la tête et qui aboutit à diriger le comportement moteur vers les objets du monde extérieur : mouvements du bras assurant le transport de la main au contact des objets à saisir et à manipuler, locomotion et transport du corps entier vers les zones d'intérêt de l'espace.

L'analyse de cette coordination entre les mouvements de l'œil, de la tête et de la main lors des actions dirigées vers un même stimulus visuel a donc constitué l'étape suivante (la troisième) de mon itinéraire « moteur ». Comme nous l'avions alors découvert, ces mouvements semblaient organisés selon une séquence fixe, l'œil arrivant le premier sur la cible, suivi de la tête puis de la main : ainsi l'œil semblait-il indiquer la direction que les autres segments devaient suivre pour atteindre la cible à leur tour, et finalement réaliser la tâche motrice. Cette intuition, toutefois, n'était pas la bonne : nous avions en effet constaté qu'en se rapprochant le plus près possible de la commande nerveuse des mouvements de la tête et du bras (en enregistrant la décharge des muscles impliqués plutôt que le mouvement lui-même), les temps de départ se rapprochaient de celui de l'œil, si bien qu'en définitive la séquence œil-tête-main se réduisait à une synchronie des commandes destinées aux différents mouvements. L'ordre moteur était envoyé simultanément aux trois segments, ce qui signifiait que la position spatiale de la cible était calculée en amont de l'ordre moteur, sous la forme d'une référence « égocentrique » commune. Nous avions bénéficié, pour déterminer la région où s'opérait ce codage de la position de la cible par rapport au corps, des observations cliniques de patients présentant une ataxie optique à la suite de lésions situées dans la partie postérieure du cortex pariétal. Les actions dirigées vers le monde visuel comportaient donc un calcul préalable de la position spatiale du but à atteindre. Ce calcul était peu influencé par le contrôle en cours de mouvement, puisque la cible pouvait être atteinte avec une précision raisonnable dans la condition « boucle ouverte », lorsque les afférences visuelles étaient supprimées au moment du départ du mouvement du bras, ou même au moment du départ du mouvement de l'œil. C'est là que se situe l'épisode, pour moi fondateur, qui a permis d'accéder à une autre dimension de l'action. Cet épisode (le début de la quatrième étape), malgré sa banalité, me permet aujourd'hui de faire la jonction entre mes travaux sur la coordination visuo-motrice et ceux qui allaient leur succéder, sur la représentation de l'action. Dans toutes les expériences décrites jusque-là, le stimulus visuel était en effet réduit à un point lumineux, ce qui se révélait justifié tant que le problème abordé était celui de la localisation spatiale du stimulus. C'est lorsque j'ai commencé à m'intéresser aux mouvements de la main que j'ai dû abandonner les points lumineux pour de véritables objets adaptés à la saisie manuelle. Comme je l'ai raconté au chapitre 3, j'ai rapidement pu constater que le calcul préalable ne concernait pas que la position spatiale : il s'étendait en fait à la totalité des attributs « pragmatiques » de l'objet à saisir : sa forme, sa taille, son orientation étaient en effet calculés à l'avance, comme en témoignait l'adaptation de la posture des doigts et de la main longtemps avant la saisie proprement dite.

C'est ainsi que j'ai été mis sur la piste de la représentation motrice (l'étape finale ?) : en montrant que la représentation pouvait être dissociée de l'exécution et pouvait être étudiée en tant que telle, je pensais avoir atteint l'idéal de l'action à l'état naissant, réduite à sa composante centrale et libérée des contraintes de l'interaction avec la périphérie. Ainsi le physiologiste, grâce aux méthodes de la psychologie cognitive et à l'arrivée de la neuro-imagerie, parvenait-il aux portes de la subjectivité. Il bénéficiait, au début des années 1990, de l'apport de la psychologie de l'interaction entre les individus et de l'entrée en scène des neurones miroirs, deux domaines où l'action joue un rôle prépondérant : cette fois, il s'agissait d'actions échangées, partagées. Le problème qui se posait était celui de pouvoir reconnaître ses propres actions, de pouvoir se les attribuer et attribuer aux autres celles qui leur appartenaient. L'histoire, on l'a vu, se poursuit vers d'autres étapes insoupçonnées...

Les chapitres de ce livre ont insisté sur le côté positif des faits et des événements qui ont marqué ce parcours. Nulle part je n'ai fait état de l'autre face de la vie du chercheur, celle, plus secrète et moins glorieuse, où s'accumulent échecs, désillusions et frustrations. Il est vrai qu'un succès a vite fait d'effacer les déconvenues qui ont émaillé la route sinueuse qui y aboutit finalement : une expérience ne réussit que rarement au premier essai, un article peut être refusé une première fois avant d'être accepté pour publication. Le chercheur expérimenté a appris à maîtriser ces péripéties pour ne garder que les bons souvenirs. Mais le travail de recherche est intrinsèquement compétitif. Plusieurs laboratoires, dans des pays différents, travaillent au même moment sur le même sujet, bien souvent sans le savoir. Des effets de mode synchronisent subrepticement les chercheurs d'un même domaine, la diffusion des idées est rapide et suit des voies imprévisibles : un mot entendu dans une conversation, un détail technique suffisent parfois à rendre évidente la solution d'un problème à celui qui la cherche depuis plusieurs semaines ou mois. Dans ce contexte, la priorité est précieuse, célébrée comme une victoire, au champagne dans les grandes occasions !

J'ai vécu au moins une de ces expériences douloureuses. Dans la compétition au sujet des « deux systèmes visuels », comme je l'ai déjà raconté, j'avais émis l'hypothèse que les deux composantes du comportement de préhension relevaient chacune d'un système différent : la composante de transport, en relation avec l'orientation dans l'espace, devait selon moi relever de la voie dorsale, tandis que la composante de saisie, en relation avec la forme de l'objet, devait relever de la voie ventrale. Ce n'est que progressivement que j'ai réalisé que la voie dorsale prenait en charge la totalité du traitement visuo-moteur, y compris celui de la saisie : les patients porteurs d'une ataxie optique à la suite d'une lésion pariétale (voie dorsale) avaient en effet un déficit portant sur les deux composantes. Entre-temps, l'observation de Goodale et Milner chez la patiente DF avait donné la véritable solution du problème : cette patiente, porteuse d'une lésion de la voie ventrale, présentait en effet un traitement visuo-moteur correct de l'ensemble du comportement de préhension, tout en étant incapable de reconnaître les objets qu'elle saisissait normalement. Je me rappelle avoir été durablement déprimé à la lecture de l'article dans *Nature* qui rapportait cette observation[3]. J'avais en effet disposé de tous les éléments pour la faire moi-même : il fallait « seulement » avoir eu l'idée d'observer le comportement de préhension chez un sujet présentant un trouble de la reconnaissance des objets et, surtout, avoir su s'étonner de constater que ce comportement était comparable à celui d'un sujet sain. Que la main « reconnaisse » (en le saisissant correctement) un objet que l'esprit ne reconnaissait pas : tel était le paradoxe révélateur qui aurait dû me mettre sur la voie du véritable partage du travail au sein des voies visuelles.

Le chercheur laisse derrière lui des traces qui peuvent persister longtemps dans le paysage des idées. Les principales traces qui signalent le passage d'un chercheur sont évidemment les articles qu'il a publiés, qu'on comptabilise maintenant en termes d'« impact » calculé d'après le nombre de fois qu'ils sont cités dans la littérature scienti-

---

3. M. Goodale *et al.*, 1991.

fique. Cette pratique a pour conséquence une course à la publication dans les revues assurant le facteur d'impact le plus élevé et considérées, pour cette raison, comme les meilleures et les plus sélectives. La tendance actuelle est de sous-estimer tout écrit qui n'entre pas dans cette catégorie. Il est clair que ces revues assurent la fonction primordiale de valider des faits scientifiques recueillis selon la méthodologie objective propre à chaque discipline. Mais elles ne suffisent pas à assurer le mouvement des idées, la confrontation des théories, en un mot, l'interprétation sans laquelle la source même des résultats finirait par se tarir. Pour ma part, je n'ai sacrifié à cette pratique que tardivement : mes principaux résultats ont certes été publiés dans les revues canoniques de ma discipline, mais j'ai aussi, contrairement à beaucoup de mes contemporains, conservé l'habitude (héritée du XIXe siècle !) qui consiste à rassembler périodiquement ses découvertes sous la forme de livres[4]. De mon point de vue, la publication d'un livre est une entreprise utile, à la fois pour celui qui l'écrit et pour ceux qui le lisent : en sortant du format rigide de l'article, il donne une plus grande liberté d'expression.

Il existe aussi d'autres traces, moins visibles que les publications, du travail du chercheur, celles dont sont porteurs les élèves, disciples, collaborateurs, successeurs, dont l'ensemble constitue ce qu'on pourrait appeler une « école de pensée ». On reconnaît cette filiation à la façon d'aborder les problèmes, aux tics d'écriture, parfois même au

---

4. Les trois monographies que j'ai publiées en langue anglaise sont espacées les unes des autres d'une dizaine d'années. Ce rythme témoigne de l'évolution de ma conception de l'action, depuis la coordination visuo-motrice (*The Neural and Behavioral Organization of Goal-directed Movements*, 1987), jusqu'à l'action représentée (*The Cognitive Neuroscience of Action*, 1996) et enfin à la cognition motrice (*Motor Cognition*, 2006).

vocabulaire. On m'a souvent reproché (gentiment) d'avoir gardé le « style Jouvet ». J'ignore ce qu'a pu recouvrir cette formule, mais si tel a bien été le cas, je n'ai certes pas à en rougir. Quant à moi, je ne me suis guère soucié de ce qu'aurait pu être un style qui m'aurait ressemblé ou qui aurait correspondu à mon mode de fonctionnement intellectuel. L'essentiel, dans cette transmission de plus anciens à plus jeunes, est avant tout d'éviter l'adhésion plus ou moins spontanée à un corps de doctrine qui serait érigé en héritage ou en valeur à préserver : de cette attitude dépendent le nécessaire renouvellement des idées et ce bien précieux entre tous qu'est la liberté de pensée.

De l'action à l'interaction[1]
Entretien avec Shaun Gallagher

L'œuvre de Marc Jeannerod en neuropsychologie est centrée sur l'action. L'idée qu'il existe un lien essentiel entre les mouvements corporels, la conscience et la cognition n'est pas nouvelle mais les avancées récentes dans le domaine des technologies de l'imagerie cérébrale ont apporté une nouvelle contribution à la compréhension de ce lien. Les expériences conduites par Marc Jeannerod et ses collègues dans le cadre de l'Institut des sciences cognitives qu'il dirige à Lyon ont permis d'explorer en détail l'activité cérébrale, non seulement lorsque nous produisons activement des mouvements, mais aussi lorsque nous faisons le projet de nous mouvoir, lorsque nous nous imaginons en mouvement ou encore lorsque nous observons les mouvements d'autres personnes. Son travail laisse

---

1. Je reproduis ici la traduction française de larges extraits d'une discussion parue en anglais (S. Gallagher & M. Jeannerod, « From action to interaction », *Journal of Consciousness Studies*, 2002, 9, p. 3-26, repris dans le livre publié par la suite par Shaun Gallagher : *Brainstorming. Views and Interviews on the Mind*, Exeter, Imprint Academic, 2008).

également entrevoir d'importantes distinctions entre l'expérience de l'action chez le sujet sain et le sujet atteint de pathologies. Dans *The Cognitive Neuroscience of Action*[2], il se focalisait sur les actions dirigées vers des objets. Que se passe-t-il dans le cerveau et que ressentons-nous lorsque nous cherchons à saisir un objet ? Comment planifions-nous ce type d'action ? Jusqu'à quel point l'imagination motrice consciente contribue-t-elle à cette action ? Quel rôle joue une représentation motrice ou un schéma moteur dans la réalisation de l'action ? À la fin du livre, il soulève une série de questions qui semblent d'une nature différente : comment est-il possible de comprendre les intentions des autres ? Par quel mécanisme pouvons-nous imiter les actions exécutés par d'autres ? Une part importante du travail récent de Jeannerod cherche à répondre à ces questions dans le cadre de l'interaction avec d'autres personnes, et a contribué à montrer l'existence de liens intimes entre nos propres mouvements et la compréhension de ceux des autres.

Action et conscience de l'action : l'importance de ne pas être conscient

SHAUN GALLAGHER : Dans votre travail, vous avez utilisé le concept de schéma moteur pour parler d'aspects très spécifiques du contrôle moteur. Les schémas moteurs sont les éléments faisant partie de représentations d'action de plus haut niveau. En passant du niveau du schéma moteur à

---

2. M. Jeannerod, *The Cognitive Neuroscience of Action*, Oxford, Blackwell, 1997.

celui de la représentation de l'action, passons-nous en quelque sorte d'un niveau automatique à un niveau qui serait intentionnel ?

MARC JEANNEROD : Je voudrais tout d'abord dire quelques mots au sujet du concept de schéma. Il est déjà ancien en neurophysiologie. Des chercheurs de la seconde moitié du XIXe siècle, comme Charlton Bastian, soutenaient que nos actions passées étaient stockées comme des « idées » de mouvement dans le cortex sensori-moteur, prêtes à être utilisées lorsque la même action serait reproduite. Par la suite, les termes d'« engrammes moteurs » puis de « schéma moteur » ont été utilisés. Comme vous le voyez, ce concept était proche de ce que nous considérerions aujourd'hui comme des représentations motrices. Plus récemment, entre les mains de Tim Shallice et de Michael Arbib, le concept de schéma moteur a dérivé vers des structures plus élémentaires dont l'assemblage constitue des représentations d'action. En d'autres termes le concept de schéma est une façon de décrire les niveaux inférieurs de la représentation : c'est une façon de descendre vers le niveau le plus élémentaire, peut-être jusqu'au niveau de petites populations de neurones.

Quant à moi, je cherche maintenant à limiter la description de la représentation motrice à deux ou trois niveaux. Le niveau des schémas et de ce qui est peut-être encore en dessous ne m'intéresse pas vraiment. Le niveau le plus bas que je considère est celui de l'action automatique, celui qui nous permet de diriger nos mouvements de manière précise vers des cibles. Bien que nous soyons capables de faire cela parfaitement, nous ignorons ce qui se passe jusqu'au moment où la cible est atteinte. Au-dessus de ce niveau, il en existe un autre grâce auquel nous sommes capables de rapporter ce que nous avons fait.

Nous réalisons que la tâche comportait des difficultés, que nous avons dû dévier notre mouvement plus ou moins d'un côté ou de l'autre, que nous avons dû fournir un effort, etc. Finalement, il existe un niveau encore plus élevé où nous essayons de comprendre la raison de ces difficultés : étaient-elles dues à nous-mêmes, étaient-elles dues à la machine d'enregistrement, ou même au fait que quelqu'un d'autre pouvait contrôler notre main ? Nous sommes ici plus proches du problème de la conscience de soi que de celui de la conscience de l'action [...].

Examinons d'abord le niveau automatique, celui où l'action semble se dérouler d'elle-même sans difficulté et où le sujet est très peu conscient de son action. Fourneret et moi avons réalisé une expérience où les sujets devaient atteindre une cible visuelle en traçant une ligne sur une tablette graphique. Le dispositif était fait de telle sorte qu'ils ne pouvaient voir leur main, et que la seule information dont ils disposaient (sur un écran d'ordinateur) était la cible et la ligne qu'ils traçaient dans sa direction. Au cours de certains essais, une déviation était introduite électroniquement dans l'enregistrement de leur tracé de telle sorte que, pour rejoindre la cible, les sujets devaient imposer à la ligne qu'ils traçaient une déviation d'une amplitude égale mais dans la direction opposée. Lorsqu'ils avaient atteint la cible, la ligne qu'ils voyaient sur l'écran pouvait donc être très différente de celle qu'ils avaient tracée avec leur main rendue invisible. Pour des déviations de l'ordre de dix degrés, les sujets atteignaient la cible et ne remarquaient pas de problème particulier : ils n'étaient simplement pas conscients du fait que le mouvement qu'ils faisaient avec leur main était différent de celui qui leur était montré visuellement sur l'écran. Toutefois, lorsque la déviation augmentait au-delà de ce seuil de dix degrés, les sujets prenaient subitement conscience de la difficulté de la tâche : ils commettaient des erreurs en tentant d'atteindre la cible et devenaient conscients des tentatives qu'ils devaient faire pour corriger la trajectoire de leur tracé[3].

Ce résultat était très différent de celui que nous avions obtenu dans les mêmes conditions, chez un groupe de patients atteints de lésions du lobe frontal. Ils présentaient un syndrome frontal typique [...]. Nous avions constaté qu'ils conservaient la stratégie automatique lorsque la déviation augmentait, sans jamais prendre conscience du fait que la tâche devenait de plus en plus difficile et qu'ils commettaient des erreurs de plus en plus importantes [...]. À ce stade, il devient tentant de se lancer dans des hypothèses sur les structures cérébrales impliquées dans ces mécanismes. Comme beaucoup de gens le pensent, on peut supposer que le niveau automatique est sous le contrôle du cortex pariétal. Par ailleurs, le résultat ci-dessus suggère que le cortex préfrontal correspondrait au niveau de la prise de conscience de l'action. La question qui reste est celle de savoir dans quelle région du cortex se situerait le mécanisme qui permet d'accéder au troisième niveau, celui de la conscience de soi, en tant qu'agent de l'action (le niveau de l'agentivité).

S. G. : L'action automatique implique donc un contrôle non conscient ?

M. J. : Avec Pierre Jacob, nous sommes en train d'écrire un livre traitant du problème des « deux systèmes visuels » – un système, comme vous le savez, pour la reconnaissance des objets, et un autre pour l'action sur ces objets.

---

3. P. Fourneret et M. Jeannerod, *Neuropsychologia*, 1998, 36, p. 1133-1140.

Il vise à clarifier ce que signifie agir automatiquement, sans avoir une véritable expérience subjective de ce que nous sommes en train de faire[4]. Nous avons une expérience de ce que nous avons fait après l'avoir fait, mais nous ne sommes en général pas conscients de ce que nous sommes en train de faire, saisir un objet, par exemple. Et en dépit de cette non-conscience, nous réalisons parfaitement les ajustements de la position des doigts en fonction de la taille et de la forme de l'objet. L'idée générale est donc que notre système visuel dirige notre comportement de manière automatique, avec une participation minimale de l'autre partie du système, celle qui contribue à la reconnaissance de l'objet.

S. G. : Quand je tends la main vers un verre, j'ai conscience du verre, mais je ne suis pas conscient des mouvements d'atteinte et de saisie que font mon bras et mes doigts.

M. J. : Exact. Vous êtes probablement conscient du fait que vous voulez boire, du but général de l'action. En revanche, si le mouvement rate son but, ou si le verre est vide, vous deviendrez pleinement conscient de ce que vous faites. Ce que nous voulons comprendre, c'est comment le système visuel peut sélectionner la bonne information (la forme du verre) et la transformer, à l'insu du sujet, en mouvements adaptés. Le but principal de ce travail est d'essayer de comprendre ce que signifie le fait de produire des actions dirigées vers un but tout en n'étant pas conscient de ce but [...].

S. G. : Une partie de votre travail suggère que, dans certains cas, la main est plus rapide que l'œil. La conscience est en

---

4. P. Jacob et M. Jeannerod, *Ways of seeing*, Oxford, Oxford University Press, 2003.

général plus lente que l'action. Mais est-ce que cela veut dire que la conscience ralentit l'action ?

M. J. : Si vous deviez attendre d'être conscient de ce que vous faites, vos actions seraient si lentes que vous seriez anéanti à la rencontre du premier ennemi qui se présenterait ! L'idée est que le mécanisme qui produit les actions automatiques est un mécanisme adaptatif. Un autre exemple est la réaction à des stimuli menaçants. Le corps réagit, avec une activation du système végétatif, une préparation à la fuite, mais ce n'est qu'après qu'on réalise consciemment la cause de cette émotion [...].

S. G. : En effet, c'est ce qui s'est passé alors que j'étais à Cornell avec un ami pour assister à un séminaire. Il est sorti de la voiture et s'est retrouvé en train de sauter par-dessus le capot. Ce n'est qu'après qu'il s'est rendu compte qu'il avait vu un serpent.

M. J. : C'est un bon exemple, puisque les serpents font partie de ces choses pour lesquelles nous avons une peur instinctive. Dans une expérience que nous avons menée avec Castiello, nous demandions au sujet d'atteindre un objet le plus rapidement possible. Au cours de certains essais, l'objet changeait brusquement de place ou d'apparence (sa taille augmentait ou diminuait). Le sujet devait non seulement saisir l'objet, mais également nous signaler vocalement le moment où il avait perçu que l'objet avait changé. Avant même de réaliser l'expérience proprement dite, nous avions remarqué que nous tenions déjà l'objet dans la main quand nous prenions conscience du changement. Et quand nous avons mesuré les temps, nous avons constaté que les sujets rapportaient le moment du changement longtemps après avoir adapté leur mouvement à la nouvelle position ou à la nouvelle taille de l'objet[5]. C'est ce que votre ami a fait en sautant par-dessus la voiture avant de devenir conscient de la présence du serpent. C'est aussi ce que nous faisons lorsque nous conduisons : nous évitons un obstacle inattendu et devenons ensuite conscients de sa présence. Compte tenu du fait que la différence de temps mesurée dans notre expérience est de l'ordre de 350 millisecondes, vous pouvez calculer la distance supplémentaire que vous allez parcourir si vous attendez d'être conscient de l'obstacle pour freiner. Il y a un grand avantage à ne pas être conscients de ce que nous faisons.

S. G. : Est-ce que la conscience rend l'action différente ? En quoi le mouvement exécuté consciemment diffère-t-il du mouvement non conscient ? Ce que je veux savoir c'est si cette différence influence les expériences où on attire l'attention du sujet sur ce qu'il est en train de faire.

M. J. : Au sujet de cette distinction entre faire les choses automatiquement et les faire consciemment, je me réfère à une expérience effectuée par Mel Goodale et ses collaborateurs : une cible s'allume et vous devez l'atteindre avec la main (condition du mouvement automatique). Dans une autre série d'essais, vous devez attendre cinq secondes après l'allumage de la cible avant de faire le mouvement : on suppose que dans ce cas, le délai est suffisant pour que la prise de conscience ait lieu et puisse influencer le mouvement. Ce que les auteurs ont trouvé, c'est que la cinématique et la précision du mouvement sont très différentes dans les deux conditions : dans la condition avec délai où le mouvement est sous contrôle conscient, la vitesse du mouvement est plus faible et la précision est dégradée. Ce résultat signifie

---

5. U. Castiello, Y. Paulignan et M. Jeannerod, *Brain*, 1991, 114, p. 2639-2655.

que le contrôle automatique en ligne du mouvement est perdu dans la condition avec délai, et qu'un autre système, plus lent et mal adapté à ce type de mouvement, doit être utilisé. Le principe du mouvement automatique est qu'il est fondé sur une représentation à vie courte : lorsqu'on exécute ce type de mouvement, le système doit garder la trace de la cible jusqu'au moment où elle est atteinte, puis effacer et oublier rapidement cette trace. La trace ne doit être gardée que pour la durée du mouvement pour les éventuelles corrections à y apporter. Il est possible, d'après Goodale, d'utiliser d'autres systèmes où la trace est conservée plus longtemps, en passant par la voie visuelle ventrale qui est connectée indirectement aux centres moteurs par l'intermédiaire du cortex préfrontal. Normalement, cette voie n'est pas utilisée pour exécuter les mouvements rapides. On peut se rendre compte de ce qui se passe lorsqu'on l'utilise, par exemple au cours de l'apprentissage d'une action difficile. On essaie d'abord de contrôler chaque segment de mouvement jusqu'au moment où on l'exécute naturellement et où on ne s'occupe plus des détails de l'exécution [...].

Schémas et réseaux dynamiques

S. G. : Votre analyse de vos travaux s'est éloignée de la notion de schéma moteur : voulez-vous vraiment abandonner cette notion comme explication des représentations ? Et si tel est le cas, cherchez-vous toujours un moyen de décrire les niveaux qui constituent la représentation ? Qu'envisagez-vous pour remplacer la notion de schéma ?

M. J. : Le meilleur moyen est de concevoir cela en termes de réseaux neuronaux. Pour réaliser une intention, par exemple, un réseau spécifique se met en place, et ce réseau deviendra visible sous la forme de zones d'activation en utilisant des techniques de neuro-imagerie. Ce qui a motivé le glissement théorique des schémas aux réseaux est le fait qu'on ne peut pas visualiser les schémas, alors que les réseaux deviennent visibles grâce à ces techniques. Il devient plus facile de penser en termes d'assemblage de régions cérébrales qui composent un réseau pour imaginer une action, construire une intention et ainsi de suite, dès le moment qu'on voit ces réseaux et qu'on peut leur donner un sens. On peut ainsi aller plus loin en pensant à de possibles chevauchements de ces réseaux, ou au contraire à la possibilité de les isoler les uns des autres. Ce n'est évidemment pas encore la solution finale, puisque les réseaux tels qu'on les visualise paraissent statiques : l'image du cerveau obtenue par les techniques actuelles est une sorte d'instantané de l'activité du cerveau à un instant donné, pendant l'exécution d'une tâche donnée. Ce qu'il nous faudrait maintenant, c'est une vision dynamique des réseaux, ce qui permettrait de donner une réponse à votre question.

s. g. : Aller dans cette direction permettrait de clarifier le problème du saut explicatif. Avec les schémas, je suppose que vous aviez quelque chose du même ordre qu'une représentation. L'intentionnalité était à l'intérieur du schéma, tandis que si on se réfère à des réseaux neuronaux, on parle de décharges neuronales, et la distance vers la représentation est plus importante. D'accord ? Peut-être qu'en abandonnant les schémas, on sait mieux ce qu'on fait, on rend peut-être le problème plus clair, mais plus difficile en même temps.

m. j. : Ce qui devient plus clair, c'est qu'on ne parviendra jamais à combler ce fossé !

S. G. : Les schémas remplissaient un vide entre le niveau des décharges neuronales et celui de la représentation. Si nous les abandonnions, nous aurions quelque chose de plus complexe au niveau inférieur, mais sans rien ajouter à la représentation. À moins de décider que la représentation n'est rien d'autre que le réseau neuronal.

M. J. : C'est un peu décourageant, mais je pense que vous avez raison. Vous savez que ce problème des niveaux d'explication est toujours irrésolu. En tant que physiologiste, j'essaie de comprendre comment les réseaux se constituent et comment ils peuvent aboutir à une représentation, un point c'est tout. Je pense que d'autres devraient s'occuper de l'explication du niveau cognitif [...].

M. J. : Il est vrai que la propriété récursive des schémas était un moyen de s'approcher de plus en plus près du niveau neuronal, en partant du niveau le plus élevé de l'explication. Tel était le message de Michael Arbib et de la philosophe Mary Hesse dans leur Gifford Lectures. Dans leur livre, ils expliquent comment la théorie des schémas peut partir du niveau le plus bas pour expliquer le niveau conceptuel[6].

S. G. : C'est de toute façon un modèle. On pourrait utiliser le vocabulaire des schémas, ou un autre vocabulaire, pour formuler un modèle cognitif. Par contre, ce dont vous parlez maintenant (les réseaux), vous pouvez en prendre une photo. Le réseau est là dans le cerveau, et vos recherches sont beaucoup mieux validées expérimentalement.

M. J. : Absolument. C'est effectivement ce qui se passe, et c'est en accord avec tout ce que nous savons par ailleurs

---

6. M. A. Arbib et M. Hesse, *The Construction of Reality*, Cambridge, Cambridge University Press, 1986.

par les études antérieures en neurologie, par les travaux chez le singe, sur la distribution des fonctions dans le cerveau, et sur les connexions entre les différentes régions. Et y a-t-il quelque chose de plus à savoir du moment que vous avez vu le réseau ?

S. G. : Bien sûr ! Vous devez tracer la voie vers le haut ainsi que la voie vers le bas. Quelle est la nature de la représentation ? Un des moyens de la comprendre était l'intégration hiérarchisée des schémas. Mais si vous ne les avez plus, que devient la nature de la représentation ? Est-ce que la représentation prend simplement la place des schémas ?

M. J. : Non, elle prend peut-être une partie du rôle des schémas, mais pas la totalité. Ce qui nous reste à faire est de connecter les réseaux aux états cognitifs. Les schémas pouvaient certes le faire, mais d'une façon qui n'était pas très réaliste physiologiquement. Même si le schéma permettait de décomposer la représentation vers le bas jusqu'au niveau neuronal, et aussi bien vers le haut jusqu'au niveau le plus élevé, il restait toujours un peu du domaine métaphorique. En revanche, le réseau, surtout si nous parvenons un jour à le voir fonctionner de façon dynamique, nous aurons une base autrement plus solide. C'est du moins ce que j'espère [...].

L'importance
de l'intentionnalité

S. G. : Votre travail démontre l'importance du niveau intentionnel. Vous montrez que le but ou l'intention de mon action détermine en fait les spécifications de cette action [...]. En d'autres termes, le système moteur n'est pas simplement un mécanisme qui détermine les muscles qui doivent se contracter, mais un système qui s'organise lui-même à partir des intentions : il ne produit pas les mêmes mouvements d'atteindre et de prendre s'il s'agit de saisir un verre pour boire, ou de le saisir pour le lancer à quelqu'un. Et c'est au niveau pragmatique de l'intention que le système forme la représentation [...].

M. J. : [...] Ce que je voudrais trouver dans une représentation, ce n'est pas seulement le « vocabulaire » qui doit être assemblé pour produire l'action (ce serait revenir à la conception statique de la théorie des schémas). Au lieu de cela, ce dont nous avons besoin, c'est de connaître les règles d'assemblage de ces éléments, y compris les contraintes bio-mécaniques, le cadre de référence spatial, les positions initiales, les forces à appliquer, etc. Tous ces aspects forment la partie cachée de la représentation : ils sont présents dans la représentation, comme le montrent les expériences réalisées par Parsons ou, chez nous, par Victor Frak[7], mais ils ne sont pas accessibles consciemment. La partie consciente de la représentation n'a pas à se préoccuper de tous les aspects techniques de l'action, elle se contente de montrer le but à atteindre. Mais ce qui est intéressant, c'est que, même si vous imaginez une action simplement en termes de son but, en la simulant, vous allez aussi activer tous les circuits nerveux (nécessaires à l'exécution). Si vous examinez l'activité cérébrale pendant une action imaginée, vous verrez s'activer le cortex moteur, le cervelet, etc. Vous verrez l'activation des zones exécutives du cerveau, correspondant à des fonctions motrices que vous ne pourrez pas trouver dans votre expérience consciente de l'image motrice.

---

7. V. Frak, Y. Paulignan et M. Jeannerod, *Experimental Brain Research*, 2001, 136, p. 120-127.

S. G. : C'est donc que le niveau de l'intention tire tous les autres niveaux, comme s'ils étaient entraînés par l'intention.

M. J. : Exact.

S. G. : [...] Cette importance de l'intention a un rapport avec ce qu'on appelle les réponses dépendant du contexte. Le même stimulus peut déclencher différents types de réponse selon la situation. La forme de la main pour la saisie d'un objet va dépendre de l'intention, du fait que cette action simple fait partie d'une action plus complexe.

M. J. : Oui, c'est ça, des buts complexes ou des situations complexes. Cette notion de réponse dépendant du contexte peut rendre compte de certaines des observations de Melwyn Goodale au sujet des illusions d'optique. Prenez par exemple l'illusion de Titchener. Si vous vous contentez de la regarder, un des deux disques centraux vous apparaît plus grand que l'autre, parce qu'il est entouré d'une couronne de petits cercles. Si vous devez saisir un de ces disques, la saisie sera adaptée à sa taille réelle[8]. Ainsi, quand vous ne faites que regarder les disques, votre jugement est influencé par le contexte visuel qui crée l'illusion, tandis que lorsque vous saisissez un des disques vous vous focalisez sur le but du mouvement (dirigé vers un seul des disques), pour lequel le contexte n'a plus d'importance [...].

S. G. : Vous faites une différence entre les représentations pragmatiques et sémantiques pour l'action, que vous considérez comme indépendante de la distinction entre système dorsal et système ventral. La représentation pragmatique fait référence à la transformation rapide de l'entrée sensorielle en commande motrice. La représentation sémantique

---

8. S. Agliotti, J. F. DeSouza et M. A. Goodale, *Current Biology*, 1995, 5, p. 679-685.

fait référence à l'utilisation d'indices cognitifs pour diriger l'action : le contexte donne au sujet plus de sens.

M. J. : Oui, d'une certaine façon. Mettons de côté pour un instant la distinction entre pragmatique et sémantique. Considérez plutôt la dichotomie entre système dorsal et système ventral. On a attribué à la voie dorsale la fonction de l'exécution automatique. En ce sens, ce serait la voie par laquelle un patient apraxique pourrait effectuer correctement un mouvement qui serait inclus dans un ensemble dirigé vers un but. En revanche, si on demandait au patient de faire ce même mouvement détaché de tout contexte, il serait incapable d'utiliser cette voie automatique. Je suis quelque peu hésitant à faire cadrer la distinction entre pragmatique et sémantique respectivement avec le système dorsal et le système ventral. Il existe des exemples montrant l'existence d'une manipulation consciente de l'observation dans le système dorsal. Nous l'avons observé dans une expérience de neuro-imagerie où les sujets avaient pour instruction de comparer la forme, la taille ou l'orientation de stimuli visuels, sans faire aucun mouvement. Nous avons trouvé un magnifique foyer d'activation dans le cortex pariétal postérieur, en plus de celui que nous nous attendions à trouver dans le cortex temporal inférieur (la voie ventrale[9]). Par conséquent, le traitement de l'information sémantique utilise les ressources des deux voies, il n'est pas confiné à la voie ventrale. J'exprime donc des réserves sur ces distinctions, sans que ce soit une source de problème entre Goodale et moi. Je tiens seulement à préserver l'indépendance du traitement sémantique d'une localisation anatomique trop rigide. Je suis très opposé à

---

9. I. Faillenot, I. Toni, J. Decety, M. C. Grégoire et M. Jeannerod, *Cerebral Cortex*, 1997, 7, p. 77-85.

la possibilité que nous ayons une partie de notre cerveau qui fonctionne consciemment, et que ce mode de fonctionnement puisse être attribué à une région spécifique (la voie ventrale), tandis que la partie dorsale fonctionnerait de manière automatique sans conscience [...].

Le problème du cadre de référence spatial

S. G. : Atteindre et saisir sont deux espèces différentes de mouvement. Vous avez montré que l'atteinte s'effectue dans un cadre de référence spatial centré sur le corps (égocentrique), tandis que la saisie s'effectuerait dans un cadre centré sur l'objet (allocentrique).

M. J. : J'ai changé d'avis à propos de cette distinction. Initialement, l'idée était que la saisie est indépendante de la position de l'objet, que le mouvement de saisie était le même que l'objet se trouve ici ou là. Je pensais cela parce que le groupe de Sakata à Tokyo (avec qui nous collaborions) avait enregistré des neurones dans le cortex pariétal postérieur du singe qui codaient la forme des objets que l'animal devait saisir. Ils avaient dit clairement que l'activité neuronale, qui était spécifique pour chaque objet et donc pour chaque type de saisie que faisait l'animal, était indépendante de la position de l'objet dans l'espace. C'était donc un bon argument pour dire que les mouvements de saisie étaient codés dans un référentiel allocentrique, c'est-à-dire sans rapport avec la position de l'objet par rapport au corps de l'animal. Depuis, nous avons étudié en détail les caractéristiques des mouvements de saisie d'objets identiques, mais positionnés en différents points de l'espace de travail. Nous avons constaté que, bien que la forme de la main soit la même pour toutes les positions de l'objet, la forme du bras dans son ensemble différait d'une position à l'autre. Nous avons interprété ce résultat en disant que la saisie n'est pas un phénomène uniquement distal, mais qu'elle implique aussi la participation des autres segments du bras. Et quand nous avons cherché à décrire les configurations invariantes du bras pour les différentes positions de l'objet, nous avons trouvé que l'axe d'opposition (un axe qui rejoint l'extrémité du pouce et de l'index quand ils saisissent l'objet) gardait une orientation constante par rapport à l'axe du corps. Cela signifiait que la position finale des doigts sur l'objet était codée elle aussi dans un référentiel égocentrique[10].

Notons que dans cette expérience nous utilisions un objet cylindrique qui permettait aux doigts de se placer sur n'importe quel endroit de sa surface. Ce n'est évidemment plus le cas si l'objet a une forme plus complexe qui exige une position des doigts sur certains points pour réaliser une prise efficace. Il doit alors y avoir un compromis entre les contraintes biomécaniques du bras et les contraintes introduites par la forme de l'objet. Rien qu'en observant le comportement des sujets dans ce genre de situation, j'ai l'impression qu'on préfère déplacer le corps par rapport à l'objet plutôt que d'utiliser des postures maladroites ou inconfortables. C'est une autre indication que l'organisation de la partie distale du mouvement (la pince de saisie) n'est pas indépendante de l'organisation de la partie proximale (le mouvement d'atteinte).

S. G. : Donc tous ces mouvements seraient centrés sur le corps, même si la partie du corps sur laquelle un mouvement

---

10. Y. Paulignan, V. Frak, I. Toni et M. Jeannerod, *Experimental Brain Research*, 1997, 114, p. 226-234.

particulier est centré peut être différente pour un autre mouvement [...].

M. J. : Le problème avec la transformation visuo-motrice est qu'elle concerne les mouvements de la main avant qu'elle entre en contact avec l'objet : ces mouvements-là sont centrés sur le corps. Mais la transformation visuo-motrice est une précondition pour la manipulation qui, elle, n'est plus référée au corps : vous pouvez manipuler un objet dans votre poche ou sur une table, et les mouvements des doigts seront pratiquement les mêmes. Dans ce cas, le centre de référence des mouvements est l'objet lui-même.

S. G. : L'intention n'intervient-elle pas là encore ? Ce que j'ai l'intention de faire avec l'objet conditionne la façon dont je le saisis.

M. J. : La relation entre l'intention et le cadre de référence du mouvement est un point intéressant. Ce que la forme de la main encode pendant la phase visuo-motrice du mouvement, ce sont les propriétés géométriques de l'objet, sa forme et son orientation. En revanche, ce qui est codé quand on doit reconnaître ou décrire un objet, ce sont ses propriétés « pictorielles ». La différence entre les propriétés géométriques d'un objet qui déterminent la forme de la main et les propriétés pictorielles qui caractérisent cet objet indépendamment de toute action sur lui, c'est précisément la différence entre les modalités pragmatique et sémantique de fonctionnement du système. Dans la modalité pragmatique, après tout, on a seulement besoin d'un codage grossier de la forme de l'objet, tandis que l'accès à sa signification demande beaucoup plus. C'est ainsi que le contenu de l'intention (de la représentation) doit être très différent pour le traitement pragmatique et pour le traitement sémantique [...].

*Le sens de l'effort
et le libre arbitre*

S. G. : Je voudrais explorer un autre sujet qui concerne ce que vous appelez un « effort de volonté ». Dans un de vos livres, vous parlez de l'effort de volonté en relation avec le sens de la lourdeur du bras.

M. J. : Vous faites référence à une situation expérimentale où les conditions d'un mouvement du bras sont modifiées, lorsque le bras est partiellement paralysé ou fatigué. Imaginez que vous avez un bras partiellement paralysé et que vous devez soulever un poids avec ce bras (le bras dit « de référence »). Ensuite on vous demande de sélectionner avec l'autre bras un poids équivalent : le poids sélectionné par le bras normal sera plus lourd que celui soulevé par le bras de référence. Ce résultat signifie que, pour sélectionner le poids, vous ne le comparez pas au poids réel soulevé par le bras de référence, mais à l'effort que vous devez produire pour le soulever. Si votre bras est partiellement paralysé ou fatigué, vous devez envoyer une commande motrice plus importante pour soulever le poids et vous interprétez cela comme un poids plus lourd : vous devez augmenter la commande motrice pour recruter davantage d'unités musculaires, parce qu'elles ont moins de force [...].

S. G. : Ce résultat m'a étonné parce que je pensais que la sensation de lourdeur était due au feed-back périphérique, alors qu'elle dépend en fait de la quantité de commande motrice.

M. J. : Correct. Lorsque vous soulevez un poids dans ces conditions de paralysie ou de fatigue, l'illusion d'augmentation de la lourdeur est due à l'augmentation de la commande motrice [...].

Dans la vie normale, vous calibrez la commande envoyée au muscle d'après l'aspect visuel de l'objet ou d'après vos connaissances : vous savez que tel objet est lourd. Incidemment, ça me rappelle un exemple amusant choisi par Freud pour illustrer le concept d'empathie dans son livre sur le jeu de mots. Freud essaie d'expliquer pourquoi nous éclatons de rire quand nous voyons un clown faire un énorme effort pour soulever un objet qui a l'air très lourd, et qui tombe à la renverse parce que l'objet était en fait très léger. Nous rions parce que nous avions créé en nous-mêmes une attente en simulant l'effort du clown, et qu'il se passe quelque chose de très différent de ce que nous attendions. Ce que nous voyons contredit le modèle interne de l'action que nous avions construit, d'où l'impression comique [...].

S. G. : Une théorie motrice du comique ! Cette idée du sens de l'effort et des commandes correspondantes dans le système moteur me rappelle une des expériences de Libet qui semble remettre en question le libre arbitre. Je crois que vous citez cette expérience.

M. J. : Oui, parce que je l'aime beaucoup. Si on examine soigneusement le déroulement de l'exécution d'un mouvement volontaire, on constate que la préparation de ce mouvement débute 300 ou 400 millisecondes avant la conscience qu'on a de faire ce mouvement [...]. Cela signifie qu'on débute l'action de façon non consciente et qu'on en prend conscience plus tard. Évidemment, ce qui reste sans réponse dans ces expériences, c'est la question théorique : comment se fait-il que mon cerveau décide pour moi ?

S. G. : On dit que cela a à voir avec le libre arbitre, mais la conscience arrive à son tour et permet de qualifier ce qui s'est passé de façon inconsciente.

M. J. : C'est un peu ce que soutient Libet.

S. G. : Revenons en arrière sur ce que nous disions tout à l'heure, l'idée que la conscience est plus lente que le mouvement, que le mouvement est si rapide que la conscience doit courir après. L'expérience citée plus haut de Castiello, par exemple, montre que le système moteur a déjà réalisé l'ajustement pour saisir l'objet qui s'est soudainement déplacé, avant que le sujet ait lui-même pris conscience de ce déplacement [...].

M. J. : J'ai en fait comparé les résultats de deux expériences. Dans la première, l'objet cible se déplace au moment où votre mouvement démarre. Votre système moteur fait un ajustement rapide, si bien que vous saisissez l'objet correctement avant d'être conscient de ce qui s'est passé. Dans la seconde expérience, la taille de l'objet, et non pas sa position, change au moment où votre mouvement démarre (nous avions un système optique qui permettait de changer instantanément la taille de l'objet). Dans ce cas, la forme de la pince doit changer à temps pour réaliser une prise correcte. Au lieu d'observer les corrections très rapides que nous avions vues pour le changement de position, nous avons vu des changements de la taille de la pince plus lents, qui correspondaient à peu près au temps d'arrivée de la conscience : cela parce que les corrections pour la taille de la pince prennent beaucoup plus de temps que celles pour le mouvement d'atteinte. Le point important, c'est que, bien que la durée des corrections change en fonction du type de mouvement, le temps de la conscience, lui, demeure invariant.

S. G. : Donc, il y a un délai pour prendre conscience d'un changement du stimulus visuel, et ce délai est le même dans les deux situations.

M. J. : C'est le même. Qu'il s'agisse d'un changement de la position ou de la taille, il faudra toujours à peu près le même temps pour s'en rendre compte.

S. G. : Tandis que le temps de la réponse motrice…

M. J. : … sera différent s'il s'agit d'un ajustement de l'atteinte ou de la saisie. Le système moteur doit faire des choses très différentes dans les deux cas […].

Entretien avec Germain Busto, Anthony Feneuil et Pierre Saint-Germier[1]

Introduction, par Germain Busto

Marc Jeannerod est professeur de physiologie à l'université Claude-Bernard, il est directeur de l'Institut des sciences cognitives à Bron, et membre de l'Académie des sciences. Ce médecin de formation aborde le fonctionnement cérébral à travers une vision scientifique et du point de vue des sciences cognitives. Dans un article publié récemment [avec Nicolas Franck[2]], il a conclu une de ses études avec cette phrase qui éclaire son approche expérimentale du fonctionnement cérébral : « Des expériences

---

1. Je reproduis ici des extraits d'un entretien paru dans *Tracés. Revue de sciences humaines*, 2005, 9, p. 53-66. Je remercie les auteurs et la revue de leur aimable autorisation. Le texte complet peut être consulté sur le site http:// traces.revues.org/index181.html.
2. N. Franck et M. Jeannerod, « Agir sous X », *La Recherche*, 2003, 366, p. 41-43.

éminemment subjectives peuvent être étudiées avec une méthodologie scientifique, alors qu'on les a souvent considérées comme uniquement accessibles à l'introspection et dénuées de rapport avec le support physique de la pensée. »

On pourrait soutenir que les travaux du professeur Jeannerod s'intéressent à la nature de la relation pouvant exister entre le cerveau et l'esprit. Une grande partie de ses publications scientifiques étudient les productions mentales et le substrat physiologique en relation avec ces productions. Il a notamment retracé l'histoire des relations qui ont pu exister et qui continuent d'exister entre la psychologie et la biologie[3].

« [Son] ambition [...] est donc de donner à l'esprit le statut d'un véritable objet de science et de connaissance, c'est-à-dire d'en faire un objet naturel possédant une structure définie, fonctionnant selon des règles identifiables, en continuité explicative avec les autres phénomènes naturels[4]. »

À l'heure actuelle, au sein des neurosciences, différentes approches expérimentales sont envisagées afin d'étudier le fonctionnement cérébral et d'en expliquer la spécificité. Il est possible de citer certaines de ces approches : l'électrophysiologie, l'imagerie cérébrale fonctionnelle, les sciences cognitives ou la biologie moléculaire et cellulaire. Toutes ces approches sont valables scientifiquement en ce sens qu'elles permettent d'obtenir des faits validés par l'expérience. Ces approches présentent des spécificités et des limites mais ces spécificités ont permis à l'étude du cerveau de se déplacer depuis une position périphérique – aussi bien dans les sciences biologiques que

---

3. M. Jeannerod, *De la physiologie mentale. Histoire des relations entre psychologie et biologie*, Paris, Odile Jacob, 1996.
4. M. Jeannerod, *La Nature de l'esprit. Sciences cognitives et cerveau*, Paris, Odile Jacob, 2002, p. 9.

psychologiques – vers une position centrale. Les conditions d'apparition de ce déplacement ont été une réorganisation complète de l'approche des phénomènes du fonctionnement cérébral : l'étude biologique du cerveau s'est intégrée à un schéma commun avec d'une part la biologie moléculaire et cellulaire et d'autre part la psychologie.

Le professeur Jeannerod pose une limite à l'étude expérimentale du cerveau : [le contenu mental individuel n'est pas un objet d'expérimentation scientifique]. De plus, ce contenu ne présente pas en soi d'intérêt pour l'étude. En effet, l'étude expérimentale du fonctionnement cérébral se limite au contenant physiologique commun et jamais au contenu individuel.

« [...], lorsqu'on se demande ce que la description et la mesure du cerveau nous apprennent sur l'homme : tout, si l'on se place du point de vue du véhicule commun à tous les individus, [...] ; rien, si l'on considère le contenu mental individuel[5]. »

[...] Il existe différentes approches expérimentales du fonctionnement cérébral, ne serait-ce qu'au sein des sciences. Ces approches présentent des avantages et des limites. L'approche moléculaire permet d'obtenir des résultats qui vont plus dans l'intimité mécanique du fonctionnement cérébral mais qui ne prétendent pas renseigner de façon directe sur le fonctionnement mental de l'homme. L'approche du professeur Jeannerod s'intéresse directement à l'homme mais ne présente pas le même degré de liberté du fait même du sujet d'expérimentation. Le point commun de ces approches restant la naturalisation de la partie commune des phénomènes cérébraux.

---

5. *Ibid.*, p. 187.

Entretien

TRACÉS : [...] Avec l'imagerie cérébrale fonctionnelle, de nouvelles informations sont accessibles qui ne pouvaient l'être avant, mais en même temps cela apporte de nouvelles contraintes méthodologiques et complexifie de façon considérable les protocoles expérimentaux. Du point de vue de l'approche écologique ou sociale de la cognition, il semble que plus on rajoute de machinerie autour du sujet, plus on altère son milieu fondamental. Au bout du compte, pensez-vous que l'introduction de nouveaux instruments soit positive ?

MARC JEANNEROD : Personnellement, j'ai commencé à faire de la recherche avant l'imagerie. J'avais appris à m'en passer. Je ne dis pas que l'imagerie n'a apporté aucun progrès, ce serait faux. Mais avant l'imagerie, nous avions déjà des données sur les localisations dans le cerveau, que nous obtenions par l'étude des lésions. On ne peut pas dire que tout recommence avec l'imagerie. On ne peut pas se passer des cent années de recherches sur le cerveau qui l'ont précédée, et il a fallu dix ou quinze ans pour comprendre la correspondance entre les données qu'on obtenait par l'imagerie et celles qui nous étaient fournies par les lésions, car elles n'étaient pas toujours les mêmes. Contrairement à certains de mes collègues, j'ai toujours beaucoup insisté sur l'observation du comportement dans les situations les plus normales possibles. À la limite, passer à l'imagerie ne m'intéresse pas plus que cela. D'autres scientifiques, y compris d'ailleurs certains de mes élèves, mettent d'emblée le sujet dans un scanner et enregistrent l'activité lors d'un comportement minimal, mais à mon avis pas suffisamment contrôlé. Ils sont uniquement intéressés par l'image du cerveau, alors que de mon côté je cherche à étudier la réponse des sujets dans des situations comportementales précises. Bien sûr, quand on peut arriver à joindre les deux, cela peut être intéressant. En réalité, on ne le peut que si, avant d'aller vers les contraintes, de rajouter des instruments, on a réalisé une bonne expérience comportementale sur laquelle on peut s'appuyer.

T. : C'est-à-dire que vous êtes prêt à abandonner, peut-être provisoirement, les avantages de l'imagerie pour garder une plus grande souplesse dans les protocoles expérimentaux de manière à mieux étudier le comportement ?

M. J. : Absolument. Vous parlez des avantages de l'imagerie mais, à un certain niveau, l'imagerie ne vous dit rien sur le comportement. J'exagère un peu. L'imagerie peut renseigner sur le comportement à condition que les questions soient très bien posées. Dans le cas de la reconnaissance de soi, qui est une chose finalement assez globale, voir fonctionner le réseau cérébral impliqué dans ce processus permet certes d'en analyser certaines composantes, mais ce sont toujours les mêmes zones qui sont concernées et cela donne l'impression de ne pas avancer beaucoup. Si vous n'aviez pas, derrière, les études comportementales, les données en votre possession seraient assez peu discriminantes.

T. : Pour continuer à parler du problème de l'instrumentalisation croissante des protocoles expérimentaux, du lien entre expérimentation et développement technique, que pensez-vous de l'utilisation, pour comprendre le comportement et le fonctionnement du cerveau, de la simulation informatique ? Donnez-vous à ces techniques la validité que vous donnez à l'expérience ?

M. J. : Non. Je fais toutefois partie des gens qui sont assez agnostiques sur la question des réseaux et de la modélisation. Là aussi, j'ai connu la recherche avant la modélisation, j'ai traversé toute la modélisation qui, à mon avis, n'a pas apporté grand-chose, et, aujourd'hui, beaucoup moins d'expériences de modélisation sont faites dans le cadre de la recherche qui m'intéresse. Évidemment, la recherche sur la modélisation elle-même continue, mais dans les années 1980 et 1990, on ne publiait pas une expérience de psychologie sans y joindre sa modélisation. Je trouvais que cet exercice ne servait à rien. Finalement, on construit les modèles *ad hoc*, on les voit évoluer si on modifie les paramètres, mais je n'ai jamais trouvé que leur apport était décisif. Peut-être est-ce lié aussi à ce que, sans formation de mathématicien, j'ai toujours regardé le résultat, sans trop m'intéresser aux calculs, reste que j'ai été très déçu de toutes ces approches.

T. : Elles n'ont jamais tranché de débats théoriques ?

M. J. : Non. En revanche, je trouve beaucoup plus intéressants les modèles réalistes que l'on essaie de construire à partir des données de la cybernétique, ou justement de la recherche plus récente sur la modélisation. En réalité, ce n'est pas en travaillant sur le modèle lui-même qu'on obtient des résultats, c'est en utilisant le modèle comme une source d'idées pour réaliser de nouvelles expériences. Ainsi dans le cas de la reconnaissance de soi, des modélisations ont été faites à partir d'une idée ancienne, qu'on peut faire remonter au moins jusqu'à Claude Bernard, et qui n'est rien d'autre que le système de l'homéostasie, à savoir l'idée de *forward systems*, de modèles anticipateurs. Leur formalisation précise dans l'étude de la reconnaissance de soi peut donner une idée précise de ce qu'il faut changer à un endroit de la boucle, c'est-à-dire au niveau des signaux proprioceptifs, pour influer sur un autre, le niveau de reconnaissance de son propre corps. Mais tout ce qu'indiquent les modélisations demande à être vérifié expérimentalement. Ce n'est pas l'étude sur le modèle qui peut nous dire « comment ça marche », c'est l'expérience.

T. : Vous parlez de Claude Bernard, vous semblez être assez proche de sa conception de l'expérience et perdre un peu votre aise en vous en écartant du côté de l'imagerie ou de la modélisation. Est-ce exact ?

M. J. : Quand j'évoquais Claude Bernard, j'avais bien sûr en vue le modèle du milieu intérieur, c'est-à-dire de l'idée qu'il y a dans l'organisme un milieu constant en dépit des fluctuations extérieures. Il ne parle pas d'homéostasie, mais c'est de cela qu'il s'agit. Sur la question de savoir si je suis bernardien au sens courant, c'est-à-dire au sens de la théorie de l'expérience développée dans *L'Introduction à l'étude de la médecine expérimentale*, je pense que oui. Je m'intéresse plus aux données de l'expérience qu'aux théories *a priori*. Peut-être cela vient-il de ma formation de médecin. Lorsque vous êtes médecin, vous vous intéressez aux signes présents de la maladie pour essayer d'en faire une synthèse. Vous n'avez pas de théorie *a priori* sur le patient. Donc oui, je suis bernardien, à la différence des modélisateurs qui construisent une théorie et cherchent à accumuler des données pour la conforter.

T. : Tout à l'heure, en nous expliquant la première idée que vous aviez eue pour tester la reconnaissance de soi, vous nous parliez d'imagination. Comment, selon vous, se construit un protocole expérimental ? Savez-vous d'où viennent les idées ?

M. J. : C'est difficile. Je ne sais pas trop. Elles viennent de la discussion... Elles viennent beaucoup de l'observation, c'est-à-dire que l'on commence par observer un comportement, on le décrit, et à partir de là on se dit que l'on va paramétrer, en quelque sorte, ce comportement, pour ensuite essayer de modifier ces paramètres. Il y a une étude pour laquelle je suis vraiment parti de zéro : celle des mouvements de la main. Personne ne l'avait fait parce que c'était très compliqué et on ne disposait d'aucune donnée sur le mouvement de la main qui attrape un objet, etc. J'ai commencé en achetant une caméra pour me filmer en train de prendre des objets. J'ai découvert que la main s'ouvre largement avant le contact avec l'objet et qu'elle se referme ensuite sur l'objet. C'est systématique. Je l'ai d'abord constaté vaguement sur quelques films que j'avais faits. J'ai ensuite simplifié la situation, je l'ai réduite. J'ai filmé une main de profil, qui attrapait des sphères de différentes tailles, et j'ai vu que plus la sphère était grosse, plus la main s'ouvrait avant de la prendre. Je me suis dit que le système visuel devait opérer un calcul du diamètre de la sphère déterminant une plus ou moins grande ouverture de la main, autrement dit qu'une représentation intervenait dans le processus de préhension. La découverte de ce paramètre dans le mouvement de préhension qu'est l'ouverture maximale de la main a été la source de centaines d'articles sur le mouvement de la main parce qu'il a permis d'étudier ce mouvement dans des domaines aussi variés que le développement de l'enfant, la pathologie, le sport, etc. Aujourd'hui, on fait des expériences très compliquées, par exemple avec des objets qui ont l'air d'être d'une certaine taille mais qui ne le sont pas, mais tout cela est parti de la découverte de cet écartement proportionnel de la main lors de la préhension. C'est donc une observation, que tout le monde peut faire, qui a été à l'origine du développement d'un protocole expérimental des plus fructueux.

Reste que cette observation n'aurait pas été possible sans une certaine idée de ce qu'il fallait trouver...

T. : Venons-en à la spécificité de l'expérimentation en psychologie. Quels problèmes méthodologiques sont posés par le fait de vouloir expérimenter quelque chose comme les vécus d'un sujet ?

M. J. : Les vécus d'un sujet sont, par définition, individuels, et ne peuvent donc pas être soumis à l'expérimentation. Celle-ci cherche en effet à établir des invariants, ce qui reste identique d'une situation à l'autre, d'un individu à l'autre. C'est pour cela que la psychanalyse et les neurosciences ne peuvent pas s'entendre, même si, malgré ce que certains prétendent, la psychanalyse aussi cherche à subsumer des vécus sous des lois générales. La psychanalyse prétend toutefois s'attacher aux histoires individuelles, alors que les neurosciences décrivent des comportements communs à tous les individus. Bien sûr, des comportements individuels peuvent intervenir dans les expériences, mais ce ne sont pas ces comportements que l'expérimentation cherche à mettre en lumière. C'est pour cela que, du côté du grand public surtout, il y a une espèce de mésentente au sujet des objectifs des neurosciences. Reproche leur est fait de ne pas s'intéresser à l'individu, à ce qu'il vit. C'est vrai, mais c'est parce que ce que vit l'individu n'est pas un sujet d'expérimentation. Dans un certain nombre d'expériences en psychologie on a réussi à intégrer la dimension individuelle grâce à la statistique pour précisément passer par-dessus les différences individuelles et tenter d'appréhender des invariants psychologiques. Pourtant aujourd'hui certains analysent les variantes, et cherchent par exemple à identifier, dans un groupe de sujets, des sous-groupes. Mais finalement le problème de l'individualité est un des grands problèmes des neurosciences : comment tirer des conclusions générales à partir de données qui sont, par définition, individuelles ? La réponse à cela est à chercher dans la méthodologie de l'expérimentation.

T. : Si pour vous les vécus ne sont pas en eux-mêmes expérimentables, ont-ils tout de même une réalité ?

M. J. : Évidemment ils ont une réalité, même si elle n'est pas abordable par l'expérimentation. Elle l'est par le récit individuel, la narration, la méthode psychanalytique dans une certaine mesure. Si le vécu individuel en tant que tel, c'est-à-dire finalement en tant que contenu, n'est pas un sujet d'expérience au sens scientifique, ce n'est pas pour autant qu'il est irréel. Si je demande à quelqu'un de réaliser une tâche d'imagerie visuelle (imaginer quelque chose), chacun va imaginer une chose différente mais ce qui m'intéresse ce n'est pas le contenu mais le véhicule, les mécanismes qui permettent l'imagination. Si le sujet nous racontait exactement ce qu'il a imaginé, cela ne nous apporterait pas grand-chose.

T. : C'est-à-dire que l'objet de la science, c'est la forme et non le contenu ?

M. J. : Je pense qu'on peut dire ça. C'est ce que je réponds aux gens qui ont des craintes dans le domaine éthique, quand ils me disent que l'imagerie va permettre d'accéder à l'ensemble des contenus individuels. Je ne dis pas qu'elle ne pourra pas le faire, je dis que cela n'intéresse pas la science. Parce que effectivement des articles récents sont parus qui laissent penser que l'on pourra, à terme, connaître les contenus individuels. Mais cela ne pourra jamais être l'objectif de la science.

T. : À la fin [de votre article avec Nicolas Franck] « Agir sous X », vous affirmez que l'expérience pourrait faire changer le statut de maladies que l'on considère comme psychiatriques, c'est-à-dire comme uniquement subjectives, en montrant qu'il est possible de les étudier de manière scientifique, c'est-à-dire comme des réalités objectives. Avons-nous bien compris ?

M. J. : Oui, l'expérience a cette potentialité, cette démarche est même fréquemment utilisée en psychiatrie. Par des interrogatoires précis, proches de ceux utilisés dans l'expérimentation, le psychiatre interroge le vécu individuel du patient pour en extraire des éléments communs à tous les malades du même type. C'est vrai que la relation médecin/malade en psychiatrie est largement fondée sur l'individualité, mais ici on ne parle pas de ça. La démarche scientifique consiste au contraire à évacuer les caractéristiques individuelles pour comprendre des mécanismes généraux.

T. : Les vécus individuels ne sont donc pas expérimentés en tant que tels. Le sont-ils en tant que mécanismes mentaux ou faut-il les naturaliser en mécanismes biologiques ?

M. J. : Ma tendance est de chercher à les naturaliser, mais elle est précédée de très longues expériences au cours desquelles des scientifiques étudient les mécanismes mentaux comme tels. Mais je suis physiologiste, ou neurobiologiste, je cherche à comprendre comment les comportements s'articulent avec le substrat nerveux. Les deux approches sont donc complémentaires, mais ma démarche personnelle va dans le sens de la naturalisation. Même quand j'étudie le comportement, je pense les protocoles expérimentaux en fonction de mon objectif, à savoir sa naturalisation.

T. : Quelles sont les contraintes particulières de cette approche par rapport à l'expérimentation strictement psychologique ?

M. J. : Encore une fois, il faut simplifier, parce que les outils établissant le parallélisme entre état mental et état neurobiologique posent des problèmes. Il nous faut utiliser des états mentaux de laboratoire.

T. : Cela rejoint ce que vous disiez lorsque vous affirmiez préférer l'expérience aux constructions théoriques. En réalité la naturalisation dont vous parlez ne consiste pas à échafauder une théorie des rapports corps/esprit. À partir du moment où une réalité mentale est expérimentable, pour vous elle est naturalisée.

M. J. : Naturalisable, c'est le début de la démarche.

T. : C'est la possibilité de l'expérimentation qui garantit celle de la naturalisation ?

M. J. : On peut dire cela. Cela ne signifie pas que la théorie ne soit jamais première. Il y a bien sûr des cas où l'expérience fait suite à la construction théorique, ne serait-ce que parce qu'on peut chercher à détruire une théorie par l'expérience.

T. : Vous parliez d'une différence entre états mentaux et états mentaux de laboratoire. Comment pensez-vous cette différence ? Cela rejoint une autre question, qui concerne l'ensemble des sciences du comportement, à savoir celle de la place de l'expérimentateur.

M. J. : C'est vrai que l'expérimentateur est lui-même un sujet, etc. Dans la mesure où l'on élimine les contenus individuels en prenant suffisamment de précautions méthodologiques, cela n'intervient pas. Pour ce qui nous concerne, toutes nos consignes sont enregistrées, de manière à éviter justement les différences individuelles dans les rapports expérimentateur/sujet. C'est la plupart du temps un ordinateur qui pilote l'expérience. Cela intervient certainement dans l'interprétation du résultat. Chaque expérimentateur a une idée préconçue de ce qu'il va trouver, un bagage théorique qui le fait s'intéresser plus à une chose qu'à une autre. Chaque expérimentateur est un point de vue sur l'expérience. [...] Bref il est assez facile de passer outre les problèmes posés par la présence de l'expérimentateur.

T. : Même si l'on évacue le contenu, il reste un cercle spécifique aux sciences cognitives : le comportement « j'expérimente » est un comportement qui, au même titre que tous les autres et selon un postulat fondateur des sciences cognitives, doit être étudié expérimentalement. Faut-il penser particulièrement ce cercle ?

M. J. : Le comportement de l'expérimentateur est un objet d'étude en soi. Des choses assez spectaculaires ont été faites notamment en sociologie cognitive. Le comportement de l'expérimentateur peut être étudié comme tous les autres comportements, et il l'a été. Je ne sais pas si cela pose un problème de principe. On verra, on essaie, il faut prendre toutes les précautions possibles. Quoi qu'il en soit l'expérimentation sur l'expérimentation a permis d'identifier un certain nombre d'expériences dans lesquelles l'expérimentateur influait, par son comportement, sur le résultat de l'expérience. C'est l'histoire du cheval qui comptait en tapant du sabot. On s'est aperçu que l'expérimentateur, de bonne foi, avait dans son comportement une sorte de rythme perçu par le cheval. Ainsi on a dénoncé un certain nombre d'illusions expérimentales.

T. : Vous disiez qu'on pouvait résoudre certains problèmes éthiques en insistant sur le fait que la science ne s'intéresse qu'aux formes et pas aux contenus. C'est intéressant parce que la tendance est actuellement à la réunion de comités éthiques qui, d'un point de vue finalement extérieur, imposent à la science et notamment aux sciences cognitives certaines limitations. Or, on a là un exemple de ce que les limitations peuvent aussi venir de l'intérieur de la science elle-même. De telles limitations ne sont-elles pas plus efficaces ?

M. J. : Quoi qu'il en soit il faut les deux. La loi, représentée par les comités d'éthique, vous dit ce que vous pouvez et ne pouvez pas faire. Dès qu'il y a un risque quelconque pour le sujet, on dépose l'expérience devant le comité d'éthique qui donne ou non son autorisation. Ce sont des contraintes auxquelles on ne peut se soustraire puisqu'elles sont légales. Maintenant, j'ai toujours pensé que le scientifique lui-même, dans sa relation avec le sujet, doit être doté d'une éthique personnelle. Ça, évidemment... C'est l'éternel problème de Frankenstein et de son monstre. Il y a des frontières qui ne sont pas seulement liées à la position de l'expérimentateur mais à son sens moral lui-même.

T. : C'est le sens moral qui donne les limites, ce n'est pas la science. N'est-il pas plus efficace de dire que le monstre de Frankenstein n'est qu'un fantasme ?

M. J. : La science pourra aller jusqu'au bout. Dans les sciences du comportement, elle pourra savoir exactement ce que quelqu'un pense, pourquoi il le pense, etc. C'est une vision futuriste mais envisageable. À mon avis, ce n'est pas un objectif scientifique mais une curiosité. [...] On peut, en principe, arriver à connaître toutes ces choses, mais une sorte de limitation devrait s'opérer. Évidemment, certains font n'importe quoi. Pas seulement des scientifiques. Mais aussi des scientifiques.

Remerciements

Ce livre rapporte des activités scientifiques qui se sont déroulées sur plusieurs décennies. Je voudrais pouvoir évoquer ici les multiples interactions et collaborations dont j'ai bénéficié pendant ce parcours. J'évoque en premier lieu les membres des différents laboratoires dont j'ai fait partie : le département de médecine expérimentale de la faculté de médecine de Lyon, où j'ai effectué mon travail de thèse sous l'autorité de Michel Jouvet ; l'unité 94 de l'Inserm, que j'ai dirigée de 1978 à 1997 ; l'Institut des sciences cognitives du CNRS, dont j'ai été le premier directeur de 1997 à 2003 ; enfin, et peut-être surtout, ma maison mère, le centre hospitalo-universitaire de Lyon, où j'ai exercé pendant plus de quarante ans. La contribution à mes travaux de recherche de mes nombreux collaborateurs, doctorants et postdoctorants, chercheurs de l'Inserm et du CNRS, médecins hospitaliers, stagiaires étrangers, dont les noms figurent dans la liste des publications, est décrite dans le texte des différents chapitres. Je leur renouvelle ici mes remerciements, sans pouvoir citer tous ceux qui, de près ou de loin, ont participé à cette aventure. C'est dans le cadre de ces laboratoires et des services de neurologie que j'ai fréquentés que j'ai rencontré François Michel. Des collaborations financées par des organismes internationaux (en tout premier lieu le Human Frontier Science Program et la European Science Foundation) ont donné lieu à des rencontres et à des échanges décisifs pour l'élaboration des expériences et des théories qui sont rapportées ici. C'est dans le contexte de ces collaborations que j'ai pu tisser des liens d'amitié avec Roberto Schmid, Michael Arbib, Giacomo Rizzolatti, Hans-Joachim Freund, Hideo Sakata, Michael Jordan, Christopher Frith. Les contacts que j'entretiens depuis de nombreuses années avec Gerald Edelman, John Searle et Vernon Mountcastle ont profondément marqué l'orientation de mes travaux.

Les chapitres qui constituent le texte de l'ouvrage ont bénéficié de la relecture et des critiques de nombreux collègues : Athanase Tzavaras pour les chapitres 1 et 2, Pierre Jacob pour les chapitres 3, 5 et 6, Jacques Hochmann et Ariane Bazan pour le chapitre 7. Pierre-Henri Castel a abondamment commenté mon livre précédent, *Le Cerveau volontaire*, paru en 2009, dont est inspiré en partie le chapitre 4. Shaun Gallagher, dont les remarques apparaissent dans l'Appendice 1, a beaucoup contribué à clarifier mes idées au sujet de la notion de représentation, centrale dans ma réflexion.

Plusieurs parties du texte ont été reprises, avec d'importantes modifications, de certaines de mes publications parues dans des revues ou des livres collectifs. Les principaux emprunts proviennent de *L'Essor des neurosciences. France 1945-1975* (C. Debru, J. G. Barbara et C. Cherici [éd.]), Hermann, Paris, 2008, p. 113-121 pour le chapitre 1 ; de *La Revue pour l'histoire du CNRS*, 2004, 10, p. 16-22, pour le chapitre 5 ; de *La Philosophie cognitive*

(E. Pacherie et J. Proust [éd.]), Éditions Ophrys, Paris, p. 185-199, pour le chapitre 6. Les extraits de l'entretien reproduits dans l'Appendice 2 proviennent du numéro de *Tracés, Revue de sciences humaines* intitulé « Expérimenter » paru en 2005. Je remercie Denise Pierrot et Éric Monnet d'ENS Éditions, de leur aimable autorisation de reproduire ces extraits. Les photographies reproduites dans le texte font partie de ma collection personnelle, sauf mention explicite de leur provenance. Enfin, pour ce livre comme pour les précédents que j'ai écrits en langue française, j'ai bénéficié du soutien à la fois amical et exigeant d'Odile Jacob et de ses collaborateurs. J'adresse des remerciements particuliers à Jean-Luc Fidel, lecteur compétent et exigeant.

Références

Ajuriaguerra, J. de & Hécaen, H. (1949), *Le Cortex cérébral. Étude neuro-psycho-pathologique*, Paris, Masson (nouvelle édition, 1960).

Ansermet, F. & Magistretti, P. (2004), *À chacun son cerveau. Plasticité neuronale et inconscient*, Paris, Odile Jacob.

Bernard, C. (1865), *Introduction à l'étude de la médecine expérimentale* (nouvelle édition, Paris, Garnier-Flammarion).

Biguer, B., Jeannerod, M. & Prablanc, C. (1982), « The coordination of eye, head and arm movements during reaching at a single visual target », *Experimental Brain Research*, 46, p. 301-304.

Brinkman, J. & Kuypers, H. G. J. M. (1973), « Cerebral control of contralateral and ipsilateral arm, hand and finger movements in the split-brain rhesus monkey », *Brain*, 96, p. 653-674.

Canguilhem, G. (1953), *La Formation du concept de réflexe aux XVIIe et XVIIIe siècles*, Paris, Vrin (nouvelle édition, 1977).

Caramazza, A. (1990), « Des déficits causés par les lésions cérébrales aux systèmes cognitifs du sujet normal », *in* X. Seron (éd.), *Psychologie et cerveau*, Paris, PUF, p. 177-194.

Castel, P.-H. (2009), *L'Esprit malade. Cerveaux, folies, individus*, Paris, Ithaque.

Castiello, U., Paulignan, Y. & Jeannerod, M. (1991), « Temporal dissociation of motor responses and subjective awareness. A study in normal subjects », *Brain*, 114, p. 2639-2655.

Chomsky, N. (1959), « A review of Skinner's verbal behavior », *Language*, 35, p. 26-58.

Chomsky, N. (1968), *Language and Mind*, New York, Harcourt. Traduction française, *Le Langage et la Pensée*, Paris, Payot, 1970.

Daprati, E., Franck, N., Georgieff, N., Proust, J., Pacherie, E., Dalery, J. & Jeannerod, M. (1997), « Looking for the agent. An investigation into consciousness of action and self-consciousness in schizophrenic patients », *Cognition*, 65, p. 71-86.

Debru, C. (1990), *Neurophilosophie du rêve*, Paris, Hermann (nouvelle édition, 2006).

Decety, J., Jeannerod, M. & Prablanc, C. (1989), « The timing of mentally represented actions », *Behavioral Brain Research*, 34, p. 35-42.

Decety, J., Grèzes, J., Costes, N., Perani, D., Jeannerod, M., Procyk, E., Grassi, F. & Fazio, F. (1997), « Brain activity during observation of actions. Influence of action content and subject's strategy », *Brain*, 120, p. 1763-1777.

Di Pellegrino, G., Fadiga, L., Fogassi, L., Gallese, V. & Rizzolatti, G. (1992), « Understanding motor events : A neurophysiological study », *Experimental Brain Research*, 91, p. 176-180.

Eccles, J. C. (éd.) (1966), *Brain and Consciousness*, New York, Springer.

Eccles, J. C. (1979), *The Human Mystery*, Berlin, Springer Verlag, 1979. Traduction française, *Le Mystère humain*, Liège, Mardaga, 1981.

Eccles, J. C., Wiesendanger, M. & Freund, H. J. (éd.) (1991), *The Principles and Design of Operation of the Brain*, Cité du Vatican, Pontificia Academia Scientiarum.

Ey, H. (1947), *Les Rapports de la neurologie et de la psychiatrie*, Paris, Hermann (nouvelle édition, *Neurologie et psychiatrie*, Paris, Hermann, 1998).

Farrer, C., Franck, N., Georgieff, N., Frith, C. D., Decety, J. & Jeannerod, M. (2003), « Modulating the experience of agency : A PET study », *NeuroImage*, 18, p. 324-333.

Farrer, C., Franck, N., Georgieff, N., Frith, C. D., Decety, J., Georgieff, N., d'Amato, T. & Jeannerod, M. (2004), « Neural correlates of action attribution in schizophrenia », *Psychiatry Research : NeuroImaging*, 131, p. 31-44.

Faugier-Grimaud, S., Frénois, C. & Stein, D. G. (1978), « Effects of posterior parietal lesions on visually guided behavior in the monkey », *Neuropsychologia*, 16, p. 151-168.

Fodor, J. A. (1983), *The Modularity of Mind. An essay on faculty psychology*, Cambridge (Mass.), MIT Press. Traduction française, *La Modularité de l'esprit. Essai sur la psychologie des facultés*, Paris, Éditions de Minuit, 1986.

Fourneret, P. & Jeannerod, M. (1998), « Limited conscious monitoring of motor performance in normal subjects », *Neuropsychologia*, 36, p. 1133-1140.

Freud, S. (1895), « Esquisse d'une psychologie scientifique », *in La Naissance de la psychanalyse*, Paris, PUF, 1956, p. 307-396.

Freud, S. (1905), *Der Witz und seine Beziehung zum Unbewussten*, Francfort, Fischer Verlag. Traduction française, *Le Mot d'esprit et sa relation avec l'inconscient*, Paris, Gallimard, 1988.

Freud, S. (1933), « L'inquiétante étrangeté (*Das Unheimliche*) », *in Essais de psychanalyse appliquée*, Paris, Gallimard.

Frith, C. (1992), *The Cognitive Neuropsychology of Schizophrenia*, Hove, LEA. Traduction française, *La Neuropsychologie cognitive de la schizophrénie*, Paris, PUF, 1996.

Gardner, H. (1993), *Histoire de la révolution cognitive. La nouvelle science de l'esprit*, Paris, Payot.

Georgieff, N. & Jeannerod, M. (1998), « Beyond consciousness of external reality. A "Who" system for consciousness of action and self-consciousness », *Consciousness and Cognition*, 7, p. 465-477.

Goldstein, K. (1934), *Der Aufbau des Organismus*, La Haye, M. Nijhoff. Traduction française, *La Structure de l'organisme. Introduction à la biologie à partir de la pathologie humaine*, Paris, Gallimard, 1951.

Goodale, M., Milner, D., Jakobson, L. S. & Carey, D. P. (1991), « Perceiving the world and grasping it. A neurological dissociation », *Nature*, 349, p. 154-156.

Green, A. (1995), *La Causalité psychique entre nature et culture*, Paris, Odile Jacob.

Grivois, H. (1995), *Le Fou et le Mouvement du monde*, Paris, Grasset.

Hécaen, H. & Lantéri-Laura, G. (1983), *Les Fonctions du cerveau*, Paris, Masson.

Held, R. (1965), « Plasticity in sensorimotor systems », *Scientific American*, 213, p. 84-94.

Held, R. & Hein, A. (1963), « Movement produced stimulation in the development of visually guided behavior », *Journal of Comparative Physiological Psychology*, 56, p. 872-876.

Hochmann, J. & Jeannerod, M. (1991), *Esprit, où es-tu ? Psychanalyse et Neurosciences*, Paris, Odile Jacob.

Hochmann, J. (2009), *Histoire de l'autisme*, Paris, Odile Jacob.

Imbert, M., Bertelson, P., Kempson, R., Osherson, D., Schnelle, N., Streitz, N. A., Thomassen, A. & Viviani, P. (éd.) (1987), *Cognitive Science in Europe*, Berlin, Springer Verlag.

Imbert, M. (1992), « Neurosciences et sciences cognitives », *in* D. Andler (éd.), *Introduction aux sciences cognitives*, Paris, Gallimard.

Jacob, P. (1997), *Pourquoi les choses ont-elles un sens ?*, Paris, Odile Jacob.

Jacob, P. & Jeannerod, M. (2003), *Ways of Seeing. The scope and limits of visual cognition*, Oxford, Oxford University Press.

Jacob, P. & Jeannerod, M. (2005), « The motor theory of social cognition. A critique », *Trends in Cognitive Science*, 9, p. 21-25.

Jeannerod, M. (1965), « Esquisse d'une phénoménologie de l'agir. Considérations sur la motricité normale et pathologique », *Archives de philosophie*, 28, p. 376-389.

Jeannerod, M. (1974), « Les deux mécanismes de la vision », *La Recherche*, 5, p. 23-32.

Jeannerod, M. (1983), *Le Cerveau-Machine. Physiologie de la volonté*, Paris, Fayard.

Jeannerod, M. (1993a), « Intention, représentation, action », *Revue internationale de psychopathologie*, 11, p. 167-191.

Jeannerod, M. (1993b), « Sur le concept de mouvement volontaire », *in Georges Canguilhem philosophe, historien des sciences*, Paris, Albin Michel, p. 251-261.

Jeannerod, M. (1994), « The representing brain. Neural correlates of motor intention and imagery », *Behavioural and Brain Sciences*, 17, p. 187-245.

Jeannerod, M. (2006), *Motor Cognition. What actions tell the self*, Oxford, Oxford University Press.

Jeannerod, M. (2009), *Le Cerveau volontaire*, Paris, Odile Jacob.

Jeannerod, M. & Biguer, B. (1982), « Visuomotor mechanisms in reaching within extrapersonal space », *in* D. Ingle, M. Goodale & R. Mansfield (éd.), *Advances in the Analysis of Visual Behaviour*, Cambridge (Mass.), MIT Press, p. 387-409.

Jeannerod, M., Decety, J. & Michel, F. (1994), « Impairment of grasping movements following a bilateral posterior parietal lesion », *Neuropsychologia*, 32, p. 369-380.

Jeannerod, M. & Hécaen, H. (1979), *Adaptation et restauration des fonctions nerveuses*, Villeurbanne, Simep.

Jeannerod, M. & Sakai, K. (1970), « Occipital and geniculate potentials related to eye movements in the unanaesthetized cat », *Brain Research*, 19, p. 361-377.

Jeannerod, M. & Putkonen, P. T. S. (1971), « Lateral geniculate unit activity and eye movements : saccade locked changes in dark and in light », *Experimental Brain Research*, 13, p. 553-546.

Jung, R. (1976), « Some European neuroscientists : A personal tribute », *in* F. G. Worden, J. P. Swazey & G. Adelman (éd.), *The Neuroscience : Paths of discovery*, Cambridge (Mass.), MIT Press, p. 477-511.

Kornhuber, H. H. & Deecke, L. (1965), « Hirnpotentialänderungen bei Wilkürbewegungen und passiven Bewegungen des Menschen : Bereitschaftspotential und reafferente potentiale », *Pflügers Archiv für Gesamte Physiologie*, 284, p. 1-17.

Lhermitte, J. (1938), *Les Mécanismes du cerveau*, Paris, Gallimard.

Maine de Biran, F. (1803), *Influence de l'habitude sur la faculté de pensée, in Œuvres de Maine de Biran*, édition Tisserand, Paris Alcan, 1930, tome III.

Martin, J. (1991), *La Danse moderne*, Arles, Actes Sud.

Mehler, J. & Dupoux, E. (1990), *Naître humain*, Paris, Odile Jacob.

Mehler, J., Walker, E. C. T. & Garrett, M. (1982), *Perspectives on Mental Representation. Experimental and theoretical studies of cognitive processes and capacities*, Hilsdale, Erlbaum.

Michel, F., Jeannerod, M. & Devic, M. (1965), « Trouble de l'orientation visuelle dans les trois dimensions de l'espace », *Cortex*, 1, p. 441-456.

Milner, A. D. & Goodale, M. A. (1995), *The Visual Brain in Action*, Oxford, Oxford University Press.

Mountcastle, V. B., Lynch, J. C., Georgopoulos, A., Sakata, H. & Acuna, C. (1975), « Posterior parietal association cortex of the monkey : command functions for operations within extra-personal space », *Journal of Neurophysiology*, 38, p. 871-908.

Naville, F. (1857), *Maine de Biran, sa vie et ses pensées*, Paris, J. Chabuliez.

Nielsen, T. I. (1963), « Volition : A new experimental approach », *Scandinavian Journal of Psychology*, 4, p. 225-230.

Paccalin, C. & Jeannerod, M. (2000), « Changes in breathing during observation of effortful actions », *Brain Research*, 862, p. 194-200.

Pacherie, E. & Proust, J. (éd.) (2004), *La Philosophie cognitive*, Paris, Éditions Ophrys.

Pélisson, D. Prablanc, C., Goodale, M. A. & Jeannerod, M. (1986), « Visual control of reaching movements without vision of the limb. II. Evidence of fast unconscious processes correcting the trajectory of the hand to the final position of a double step stimulus », *Experimental Brain Research*, 62, p. 303-311.

Perenin, M. T. & Jeannerod, M. (1975), « Residual vision in cortically blind hemifields », *Neuropsychologia*, 13, p. 1-7.

Perenin, M. T. & Jeannerod, M. (1978), « Visual function within the hemianopic field following early cerebral hemidecortication in man. I : Spatial localization », *Neuropsychologia*, 16, p. 1-13.

Piatelli-Palmarini, M. (éd.) (1979), *Théories du langage, théories de l'apprentissage. Le débat entre Jean Piaget et Noam Chomsky*, Paris, Seuil.

Popper, K. & Eccles, J. C. (1977), *The Self and its Brain*, Berlin, Springer.

Prablanc, C., Echallier, J. F., Komilis, E. & Jeannerod, M. (1979), « Optimal responses of eye and hand motor systems in pointing at a visual target. I. Spatio-temporal characteristics of eye and hand movements and their relationships when varying the amount of visual information », *Biological Cybernetics*, 35, p. 113-124.

Putkonen, P. T. S., Courjon, H. & Jeannerod, M. (1977), « Compensation for postural effects of hemilabyrinthectomy in the cat », *Experimental Brain Research*, 28, p. 249-257.

Ricœur, P. (1950), *Philosophie de la volonté. I. Le volontaire et l'involontaire*, Paris, Aubier.

Searle, J. (1983), *Intentionality : An essay in the philosophy of mind*, New York, Cambridge University Press. Traduction française, *L'Intentionnalité. Essai de philosophie des états mentaux*, Paris, Éditions de Minuit, 1985.

Schneider, G. E. (1969), « Two visual systems », *Science*, 163, p. 895-902.

Sherrington, C. S. (1940), *Man on his Nature*, Cambridge, Cambridge University Press.

Smith-Churchland, P. (1986), *Neurophilosophy. Toward a unified science of the mind/brain*, Cambridge (Mass.), MIT Press.

Sperry, R. (1980), « Mind-brain interaction : mentalism, yes ; dualism, no », *Neuroscience*, 5, p. 195-206.

Sutherland, S. (1983), « Thoughts of sorts », *Nature*, 302, p. 773-774.

Taira, M., Mine, S., Georgopoulos, A. P., Murata, A. P. & Sakata, H. (1990), « Parietal cortex neurons of the monkey related to the visual guidance of hand movements », *Experimental Brain Research*, 83, p. 29-36.

Teuber, H. L. (1966), « The frontal lobes and their function : Further observations on rodents, carnivores, subhuman primates and man », *International Journal of Neurology*, 5, p. 282-300.

Ungerleider, L. & Mishkin, M. (1982), « Two cortical visual systems », *in* D. J. Ingle, M. A. Goodale & R. J. W. Mansfield (éd.), *Analysis of Visual Behavior*, Cambridge, MIT Press, p. 549-586.

Vital-Durand, F. & Jeannerod, M. (éd.) (1975), *Aspects de la plasticité nerveuse*, Paris, Éditions Inserm.

Weiskrantz L., Warrington E. R., Sanders M. D. & Marshall J. (1974), « Visual capacity in the hemianopic field following a restricted occipital ablation », *Brain*, 97, p. 709-728.

Wolpert, D., Ghahramani, Z. & Jordan, M. I. (1995), « An internal model for sensorimotor integration », *Science*, 269, p. 1880-1882.

Table

PRÉFACE 7

PROLOGUE – **La Fabrique des idées** 21

CHAPITRE 1
Combats pour une nouvelle discipline : la neuropsychologie

Henry Hécaen et la structuration
de la neuropsychologie 31

Vers une nouvelle synthèse 36

CHAPITRE 2
Le cerveau modifiable

Le panorama changeant de la neuropsychologie 40

La plasticité cérébrale 46

De la neuropsychologie expérimentale
aux neurosciences cognitives 51

La décharge corollaire selon Teuber 55

CHAPITRE 3
Façons de voir

Vision corticale et vision sous-corticale 61

Le mystérieux lobe pariétal 66

Voie ventrale et voie dorsale 70

Perception et action, ou espace et objet ? 74

La main pendant la saisie :
identification motrice des objets visuels 78

CHAPITRE 4
Au commencement était l'action

En attendant l'action 91

Éviter les pièges de la subjectivité ? 97

Les représentations visuo-motrices 99

La représentation de l'action 102

La représentation des actions des autres 106

Le retour de la décharge corollaire 110

Intermède musical 111

CHAPITRE 5
Ma révolution cognitive

La révolution chomskyenne 120

Les sciences cognitives en France 125

Cognition artificielle et cognition naturelle 131

La courte vie de l'Institut des sciences cognitives 140

CHAPITRE 6
Le philosophe dans le laboratoire

Le bref retour du dualisme ontologique 145

Sperry critique d'Eccles 151

La thèse de l'identité esprit/cerveau revisitée 154

La philosophie de l'esprit à l'épreuve du laboratoire 158

Philosophical significance 164

CHAPITRE 7
Comment j'ai échappé
à la psychanalyse

L'escalier de Chambord 169
Psychanalyse et sciences cognitives 172
Vers la cognition sociale 176
De la représentation de l'action à la connaissance de soi . 179
Méconnaissance de soi 184
Action volontaire et équilibre cognitif 190

ÉPILOGUE 193

APPENDICE 1 – De l'action à l'interaction
Entretien avec Shaun Gallagher 203

APPENDICE 2 – Entretien avec Germain Busto,
Anthony Feneuil et Pierre Saint-Germier 225

REMERCIEMENTS 239

RÉFÉRENCES 243

Cet ouvrage a été transcodé et mis en pages
chez Nord Compo (Villeneuve-d'Ascq)

N° d'impression :
N° d'édition : 7381-2616-X
Dépôt légal : mars 2011

Imprimé en France